イメージでつかむ
機械学習
入門

豊富なグラフ, シンプルな数学, Rで理解する

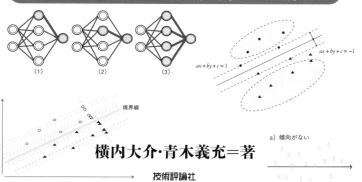

横内大介・青木義充=著

技術評論社

目次

まえがき ………………………………………………………………………… 5

CHAPTER

第1章 はじめに　7

1.1 機械学習とは ……………………………………………………… 8
1.2 Rを用いた実習 …………………………………………………… 10

CHAPTER

第2章 回帰　13

2.1 線形回帰モデル …………………………………………………… 14
2.2 線形回帰モデルの係数推定 ……………………………………… 22
　　　2.2.1　最小二乗法 ………………………………………… 23
　　　2.2.2　最尤法 ……………………………………………… 36
2.3 残差によるモデルの検討 ………………………………………… 41
　　　コラム：極値と偏微分 ………………………………………… 49
2.4 モデルの説明力〜決定係数と相関係数〜 ……………………… 52
　　　コラム：非線形回帰モデルのフィッティング ……………… 56
2.5 回帰モデルの限界〜分類への応用〜 …………………………… 57

CHAPTER

第3章 境界による分類　71

3.1 線形判別分析 ……………………………………………………… 72
　　　3.1.1　平面を分割する …………………………………… 72
　　　3.1.2　判別分析を実現する仕組み ……………………… 77
　　　3.1.3　Rによる線形判別分析 …………………………… 82
3.2 サポートベクターマシン ………………………………………… 86
　　　3.2.1　完全に分類できる問題について ………………… 86
　　　3.2.2　線形分離不可能な問題について ………………… 91
　　　3.2.3　カーネル関数の利用 ……………………………… 92

　　　　3.2.4　Rによるサポートベクターマシン ·· 94

CHAPTER
第4章　確率による分類　　　　　　　　　　　　　　　　　　　99

4.1　ロジスティック回帰モデル ·· 100

4.2　ロジスティック回帰モデルの当てはめ ·· 105

4.3　ロジスティック回帰モデルにおけるパラメタ推定 ································ 112

CHAPTER
第5章　ニューラルネットワークによる分類　　　　　　　　　117

5.1　フィードフォワードニューラルネットワーク ·· 118

5.2　3層構造のフィードフォワードニューラルネットワーク ······················ 120

5.3　重みの推定方法〜誤差逆伝播法〜 ··· 123

5.4　Rによるニューラルネットワークの推定 ··· 127

5.5　ディープラーニングへの入口 ·· 133

付録：神経細胞（ニューロン）とニューラルネットワーク ···························· 137

CHAPTER
第6章　【実践編】説明変量の追加と予測精度の評価　　　143

6.1　説明変量を増やす ·· 144

　　　　6.1.1　分類問題の再設定 ··· 144

　　　　6.1.2　各分類法の適用 ··· 148

6.2　予測精度の評価 ·· 166

　　　　6.2.1　インサンプルとアウトサンプル ··· 166

　　　　6.2.2　データの意味を考えた予測の評価法 ··································· 179

6.3　まとめ ·· 187

参考文献 ·· 189

索引 ·· 190

まえがき

　昨今のビッグデータのブームにより，データサイエンスや人工知能（AI）といったデータを活用する学問に対しての注目が集まるようになりました．特に実務での応用が期待されている人工知能の分野では，各自動車メーカーが開発している自動運転 AI や Google が開発した囲碁対局 AI のように，すでにさまざまな分野で実装が試みられています．本書で取り上げる機械学習は，このような人工知能の実装を支える基盤的な技術として注目されています．人工知能の基盤と聞くと，機械学習をマスターするには難解な数学に対する素養が必要だと感じるかもしれませんが，その基礎は高校数学と大学初学年級の一部の数学が理解できていれば十分にマスターできます．もちろん，実際のデータを用いて機械学習を実践するためには，プログラミングの技術も必要になりますが，昨今のブームのおかげで，機械学習の手法はさまざまなプログラミング言語で実装されつつあり，ライブラリや API（Application Programming Interface）として提供され始めているので，プログラミングの障壁は相当低くなっています．ですので，機械学習の各手法の特徴について正しく理解さえしてしまえば，手法の選択自体は容易にできるようになりますから，プログラムの実装はスムーズに進むことになるでしょう．

　以上のような趣旨から本書は，理系でない読者，プログラムは多少作れるが数学の理解は怪しいという読者に機械学習の基礎を簡単な数学と豊富なグラフを通して理解してもらうこと，データに適した機械学習の手法の選択ができるような基礎知識を蓄えること，そしてフリーの統計解析環境である R を用いて本書で取り上げた機械学習法を実データに適用できることを目標にして企画されました．紙面の都合上，本書の内

容は機械学習の代表的な手法のみに絞っていますが，その点についてはなにとぞご容赦ください．また，このような内容の制限を設けているため，機械学習を本格的に勉強しようという理工系の大学生や大学院生，教育機関や研究機関の研究者の方にとっては本書の内容だけでは物足りないと思います．そのような方や本書を読み終えた読者の方は，たとえばビショップ著「パターン認識と機械学習」のような機械学習の専門書でさらに勉強されることをお勧めします．

　著者らの遅筆を辛抱強く我慢しつつ丁寧に校正をしてくださった編集者の成田恭実さん，家族の時間を削って執筆したにもかかわらず快く応援してくれた著者らの妻と子供たちに対して，この場を借りて感謝申し上げます．

2017年7月
横内大介，青木義充

CHAPTER 1

第 1 章

はじめに

機械学習とは

　これまで物事の良し悪しの判断は，人間が行う仕事でしたが，データが豊富に揃う環境，いわゆるビッグデータの出現により，このような判断自体は機械に任せようという動きが出てきています．たとえば一部の病気の診断もその一つの例になると言われています．このような機械に任せるという試みが検討されている背景には，判断の責任を機械に押し付けるというよりも，むしろ機械ならば客観的で合理的な判断を下してくれるのではないかという期待があります．もちろん，その客観性や合理性の根源は十分なデータに他なりません．本書で扱う機械学習とは，そのような十分なデータの量により客観性を担保しつつ，数理的（ないし統計的）に合理性のある判断を行う技術のことを意味します[1]．

　機械学習法における「学習」をもう少し具体的に表現するならば，データから意味のある規則や分類のための基準を取り出し，データが生成されるメカニズムやデータが示している個体の特徴をアルゴリズムとして捉えることを意味します．そして，それらの学習結果を用いて新たなデータに対する予測を提供する手法が機械学習ということになります．ここでいう「学習」という言葉は主に2つの意味があります．

- **教師付学習**．コンピュータに対して問題とその解答の対を与えることで学習を行う．十分に学習を経た後，問題のみをコンピュータに与えてそれを解答させることが目的．回帰，分類などの手法がその代表例である．

---

[1] この機械学習という言葉ですが，世間ではコンピュータに人間同様の学習能力を獲得させる技術という意味でざっくりと使われていることが多いです．

- **教師なし学習**．答えのない問題をコンピュータに解かせることが目的．教師付学習と異なり，学習の目標は明確ではない．クラスタリング，異常値検出などの手法がその代表例である．

この2つの学習の説明の中に出てきた学習の手法について，もう少し詳しく説明しましょう．

- **回帰**．y を実数，x を実数値ベクトルとしたとき，$y=f(x)$ という実数値関数 f を推定する学習の手法．入力標本 x_i と出力標本 y_i の組から未知の関数 $\hat{f}$ を推定する．学習にはデータセット (x_i, y_i), $i=1, \cdots, n$ を用いる．x_i は教師に対する質問であり，y_i が教師による解答という枠組みになる．
- **分類**．基本的な枠組みは回帰と同様である．y がクラスタを示すラベル（有限離散値）になっている点が回帰と異なっている．
- **クラスタリング**．各入力標本 x_i, $i=1, 2, \cdots, n$ に対して適切なクラスタを示すラベルを与える問題であり，各クラスタに属する標本がなるべく均質な性質をもつように学習を行う．そのため，標本の類似度の測り方が重要になる．
- **異常値検出**．各入力標本 x_i, $i=1, 2, \cdots, n$ に対して，正常値と異常値という2つのラベルを与える学習である．通常は密集している標本に対しては正常を意味するラベル，集団から外れている標本に対しては異常を意味するラベルが与えられるように学習する．
- **次元削減**．入力標本 v_i, $i=1, 2, \cdots, n$ を低次元表現 w_j, $j=1, 2, \cdots, m$, $m<n$ に変換する問題．$v_i=(x_i, y_i)$ のときを教師付次元削減，$v_i=x_i$ のときを教師なし次元削減という．ちなみに，主成分分析は教師なしの次元削減である．

一方で，データマイニングをよく知っている人からすると，機械学習との違いがいまひとつ理解できないかもしれません．データマイニング

の目的はデータに潜んでいる「未知の特徴を抽出する」ことなので，先の「教師なし学習」の手法はデータマイニングそのものだといえるでしょう．しかしながら，機械学習の目的はほとんどの場合データから得られた「既知の特徴に基づく予測」にあります．そして「教師なし学習」はあくまで機械学習の本来の目的を達成するために，特徴を抽出する（つまり「既知の特徴」を作り出す）前処理として用いられることが，ほとんどです．このようにデータマイニングと機械学習は手法はオーバーラップしているものの，利用する目的が大きく異なっているわけです．

本書では機械学習の中でも実務の世界でよく利用される回帰，分類を取りあげます．そして数学やグラフを用いた平易な解説と実データへの適用を通して，代表的な手法を解説します．<u>本書の解説では高校数学や大学初学年級の線形代数，微積分学，確率統計の内容がたまに顔を出します．社会に出て忘れてしまった人でも理解できるよう，なるべく丁寧に解説するつもりですが，それでも思い出せない方やまったくの未習の方は，適宜数学の教科書等で補ってください．</u>

CHAPTER 1.2 Rを用いた実習

本書では数学による解説と同時に，Rと呼ばれる統計プログラミング環境を用いて取り上げた機械学習法を実際のデータへ適用します．「実務で使える数学」をみなさんに体験していただくために，あえてこのような構成をとらせていただきました．本書を効果的に読み進めるためにもRをダウンロードし，各自のパソコンへインストールしていただくことをお勧めします．

Rはフリーソフトウェアですので，Rプロジェクトのホームページか

らダウンロード可能です．

http://www.cran.r-project.org/

Windows版，Mac版，Linux版が用意されておりますので，お使いのOSにあわせてダウンロードし，各自でインストールしてください．基本的にはダイアログに指示に従い，「次へ＞（Next ＞）」ボタンを押していけばインストールが完了します．もしインストールの仕方に不安がある人は，拙著『現場ですぐ使える時系列データ分析』の1-5節を参考にしたり，ホームページ上の情報を活用すると良いでしょう[*2]．

　Rをパソコンにインストールしましたら，本書のサポートページ

http://gihyo.jp/book/2017/978-4-7741-9062-4/support

に行き演習用データ Samples.RData をダウンロードしてください．通常のインストールを経てRをインストールした場合，ダウンロードしたデータ Samples.RData にはRが関連付けられています．ですので，この Samples.RData 自体をダブルクリックすればRが起動し，演習データが自動的にRへ読み込まれます．**本書を読み進めるときは必ずこの Samples.RData データのダブルクリックを通じてRを起動してください**．Rの起動が成功すれば，たとえばWindows上であれば図1.1のようなRのウィンドウが表示されます．本書の演習は，この図1.1にあるR Consoleとよばれるサブウィンドウ内のプロンプトにコマンドを対話的に入力しながら進めていきます．もちろん，RStudioのような発展的なツールをお使いの方は当該データをインポートして演習を進めていただいて構いません．

　本書に出てくるRのデータやプログラムは，Windows7およびWindows10上の64ビットのR（R-3.3.1）の上で動作確認をしており

[*2] 検索サイトで「R　インストール」とワードを入れて検索すれば，インストールに関する有益な情報が多数得られるはずです．

図 1.1 Windows 用 R のインターフェイス

ます．これ以降のバージョンの R や他の OS でも同様に動作するはずですが，万が一動作しない場合でも保証はいたしかねますので，あらかじめご了承ください．

CHAPTER 2

第 2 章

回帰

本章では，機械学習で最も基本的な内容の一つである回帰を取り上げます．回帰は機械学習のみならず，統計的データ解析や他の計量的な分析でもよく用いられる手法です．ここでは線形結合を応用した線形回帰モデルを中心に紹介します．ちなみに実務の世界で使われているモデルの大半はこの線形回帰モデルになります．なお，機械学習関連書籍の多くは，回帰の理論と実データへのフィッティングの方法のみを取り扱っていますが，本書では実務での応用を意識し，モデルフィッティングの良し悪しや結果を解釈するための理論についても取り上げます．

CHAPTER 2.1 線形回帰モデル

統計モデルとは複数の変量間の関係を示す一種の関数であり，多くの場合

$$Y = f(X_1, X_2, \cdots) + \varepsilon$$

という関数の形式をとっています．ここで$Y, X_1, X_2, \cdots$は変量（variate）であり，εは撹乱項[*3]になります．ちなみに，数学の世界ではYやX_1のことを変数（variable）と呼びますが，統計学やデータサイエンスでは変量と呼ぶことが多いです．その違いは，変数は数値の代理に過ぎませんが，変量には観測対象の属性（測定部位）という具体的な存在がその背景にあることを意味しています．具体的に言えば，ある正の数Xを考えることは変数ですが，Xを人間の身長とすればそれは変量であり，観測対象は人間で，その属性として身長を計測していることになり

[*3] 各観測ごとに確率分布に従って発生する値で，一種のノイズと考えてください．

ます．なお，統計モデルでは Y を**被説明変量**，X_i, $i=1, 2, \cdots$, を**説明変量**と呼びます．この区別には Y という変量を $X_1, X_2, \cdots$ という複数の変量で説明するという意味がこめられています．一方，数学では Y は従属変数，$X_1, X_2, \cdots$ 独立変数と呼ばれます．

次に f に対して次のような線形関係を考えます．

$$Y = \alpha + \beta_1 X_1 + \beta_2 X_2 + \cdots + \beta_p X_p + \varepsilon$$

このモデルが**線形回帰モデル**です．さらに説明変量をひとつだけに絞った

$$Y = \alpha + \beta X + \varepsilon$$

を単回帰モデルと呼びます．本節ではこの単回帰モデルを通じて線形回帰モデルの概要を簡単に説明します．

ある観測対象の属性 X, Y を測定したデータセット (x_i, y_i), $i=1, 2, \cdots, n$ を考えます．そして，X と Y の間に潜んでいる線形関係を推定する問題を考えます．具体的に言えば，ある日の自動車産業の株式の収益率とドル円の為替レートの収益率の間には線形関係が存在すると仮定し，それを過去データから推定したいという問題と同じです[*4]．

i 番目の観測 y_i には観測誤差である残差 u_i が含まれると仮定し，

$$y_i = \alpha + \beta x_i + u_i \tag{2.1}$$

が成立すると仮定します．このとき係数 α, β は未知なので，その値を推定する必要があります．このようなモデルの係数をデータから推定することを，「データへのモデルの当てはめ」，または単に「モデルの当てはめ」と呼びます．

それでは，R を用いて実際のデータに単回帰モデルの当てはめを行ってみましょう．線形回帰モデルのあてはめを行う関数 lm は次のように

[*4] 日本において自動車産業は輸出産業なので，その株価と為替レートには密接な関係があると言われています．

使用します．

```
lm(モデル式, data=利用するデータフレーム名)
```

Rにおけるモデル式の記述方法は独特ですので，詳しく解説しましょう．今回利用したい回帰モデルは

$$Y = \alpha + \beta X + \varepsilon$$

です．被説明変数Yと説明変数XのデータはR上でx, yというオブジェクトになっているとします．そのとき，単回帰モデルは次のような形式で指定します．

Rのモデル式における単回帰モデルの記述法
```
Y ~ X
```

なお，Rではデフォルトで切片項が採用されますので，αについては指定する必要はありません[*5]．

それでは，例として2つの株式の収益率の関係を単回帰モデルで表します．モデルをデータに当てはめる前に，2つの変数の関係を図で確認しましょう．図2.1は横軸に銘柄Xの株式の収益率，縦軸に同じ時点での銘柄Yの株式の収益率の散布図です．Rにおけるグラフは基本的に関数 plot で描画されます．散布図を描画する場合は以下のように入力します．

```
plot(x座標のデータ, y座標のデータ)
```

[*5] 切片項を採用することを明示的に指定するためには，Y~1+Xとします．一方で，切片項を採用しない場合，つまり単回帰モデル $Y=\beta X+\varepsilon$ を採用する場合にはモデル式をY~-1+Xとします．

2.1 線形回帰モデル

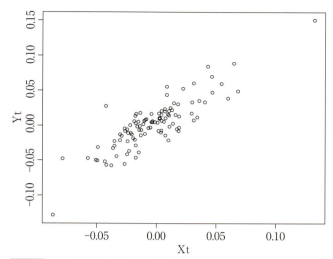

図2.1 2つの銘柄の株式の収益率

銘柄 Y の収益率を Yt，銘柄 X の株式の収益率を Xt というオブジェクトに格納したので，

```
> plot(Xt, Yt)
```

とすれば図2.1が得られます．

次に2つの収益率のデータに単回帰モデルを当てはめます．図2.1を見れば分かる通り，両者は完全な直線の関係にはありません．その誤差を吸収している項が撹乱項 ε であり，(2.1) で示した残差 u_i によって表現されています．

それでは，R を用いて切片 α と傾き β を求めてみます．次のように入力してください．

```
> result=lm(Yt~Xt)
```

ここでは，関数 lm を用いて線形回帰モデル（今回は単回帰モデル）を

当てはめた結果を result というオブジェクトに格納しています．分析結果の詳細を確認するためには，関数 **summary** を利用します．

```
summary(確認したい結果オブジェクト名)
```

それでは，結果を格納したオブジェクト result を summary に与えて，当てはめ結果の詳しい情報を確認しましょう．

```
> summary(result)

Call:
lm(formula = Yt ~ Xt)

Residuals:
      Min        1Q    Median        3Q       Max
-0.049096 -0.011265  0.001978  0.011698  0.063708

Coefficients:
             Estimate Std. Error t value Pr(>|t|)
(Intercept)-0.005502   0.001807    3.045  0.00295 **
Xt          0.977899   0.058062   16.842  < 2e-16 ***
---
Signif. codes:  0 '***' 0.001 '**' 0.01 '*' 0.05 '.' 0.1 ' ' 1

Residual standard error: 0.001844 on 103 degrees of freedom
Multiple R-squared:  0.7336,    Adjusted R-squared:  0.731
F-statistic: 283.7 on 1 and 103 DF,  p-value: < 2.2e-16
```

　結果のうち，切片 α と傾き β の推定値は，Coefficients: の部分に記載されています．α は切片項にかかる係数であるため，(Intercept) の Estimate を確認します．β は説明変数 Xt にかかる係数であるため，Xt の Estimate を確認しましょう．それぞれ，-0.005502，0.977899 とあるため，今回のモデルのあてはめ結果では，残差を u_i とおくと

$$\mathrm{Yt} = -0.005502 + 0.977899 \times \mathrm{Xt} + u_i$$

が得られます．なお，Coefficients: のうち右に記されている

Pr(>|t|)は，係数が0であるという帰無仮説の下での**仮説検定**における***p*値**を示しています．仮説検定が分からない人にとっては何のことかさっぱり分からないと思いますが，簡単に言えば「係数が0であると仮定したときに，今回得られた推定値が出現する確率」を示しています．係数は0であるという仮説の下で計算しているので，その確率がある程度高ければ「真の係数が0の場合でもよく出現する推定値」ということになり，真の係数は0である可能性が高くなります．逆に，その確率が小さければ係数0という仮説の下ではめったに出ない推定値と考えられるので，係数は0であるという仮説自体が間違っている（係数は0以外の数値である）可能性が高いということになります．このように設定した仮説のことを統計学では**帰無仮説**と呼んでいます．もちろん，どの程度の確率を閾値にするかで，帰無仮説の棄却，採択の判断は変わりますが，通常の仮説検定ではp値が0.05（5%）以下であれば説明変数として意味があると考えることが多いです．なお，この設定された閾値は**有意水準**と呼ばれます．

Pr(>|t|)列の横にある*の数は，p値が0.1%以下であれば3つ，1%以下であれば2つ，5%以下であれば1つ，10%以下であれば．（ピリオド）がついています．今回の結果では，有意水準5%で検定を行ったとすると，αもβも帰無仮説が棄却されるため，推定値は有意な値であると判断できます．

回帰モデルの当てはまりの良さをモデルの説明力と呼びます．そのモデルの説明力を示す一つの指標に決定係数があります．**決定係数**は0から1までの値をとり，値が大きいほど説明力が高いとされています．なお，決定係数は小数なので100を乗じてパーセンテージで表示したり，割合で表現されることもあります．この決定係数ですが，今回の分析結果の`Multiple R-squared:`に記されており，`0.7336`という値になっています．一般に決定係数0.5を超えるような線形回帰モデルであれば十分な説明力があると考えることが多いので，この数値であれば得られた単回帰モデルの説明力は高いと判断してもよさそうです．

単回帰モデルは式の形を見て分かるように直線ですので，当てはめによって得られた単回帰モデルは，図2.1の上で直線として表せます．それでは得られた単回帰モデルを図2.1の上に描画してみましょう．すでにR上に表示されている図に対して，直線を重ね描きする場合には関数 **abline** を利用します．

```
abline(直線の定義, lty=直線の種類, col=色の指定)
```

　abline における**直線の定義**の設定方法は次の通りです．x軸に平行な横の直線を引きたい場合には h で指定します．h は水平を表す Horizontal の頭文字をとっており，x軸を引きたい場合には h=0 と入力します．一方，y軸に平行な縦の直線を引きたい場合には v で指定します．v は鉛直を表す Vertical の頭文字をとっており，y軸を引きたい場合には v=0 と入力します．また，切片1，傾き2の直線 $y=1+2x$ を引きたい場合には，a=1, b=2 と入力します．

　abline における**直線の種類**は数値で指定します．実線の場合は lty=1，破線の場合は lty=2，点線の場合は lty=3 などです．特に指定しない場合には，実線が描かれます．

　abline における**色の指定**も数値で与えます．黒は1，赤は2，緑は3，青は4，というように対応づけられています．特に指定しない場合には黒が選ばれます．直線の種類と色については，上にあげたもの以外にもありますが，詳しくは R のマニュアル等を参照してください．なお，これらのオプション引数は先に散布図の描画で用いた関数 plot でもそのまま利用できます．

　以下は R における abline の使い方の実例です．

```
> abline(h=0)
> abline(v=0, lty=2, col=2)
> abline(a=1, b=2, lty=3, col=4)
```

1つめのコマンドを入力すると，x軸（高さ0の水平な直線）が描かれます．直線の種類と色は指定していないので，黒色の実線が重ね書きされます．次のコマンドは，y軸が赤色の破線で描かれます．最後のコマンドは，切片1，傾き2の直線が，青色の点線で描かれます．なお，線形回帰モデルの推定結果に従って直線を引きたい場合には，当てはめ結果を格納したオブジェクトをそのまま関数ablineに渡します．たとえば結果がresultに格納されている場合は，

```
> abline(coef(result))
```

と入力すれば目的の直線が得られます．

それでは，今回の線形回帰モデルの当てはめ結果をグラフとして図示してみましょう．はじめに，データの点をプロットして散布図を作成したのち，x軸とy軸を点線で引き，最後に回帰直線を重ね描きします．以下はそれらを実行するコマンドであり，入力すると図2.2が得られます．

```
> plot(x=Xt, y=Yt)
> abline(h=0,lty=3)
> abline(v=0,lty=3)
> abline(coef(result))
```

図2.2の回帰直線上に観測値である点が集中しているので，モデルの当てはまりはよいことが分かります．この結果は0.7を超える決定係数の高さともよく合致しています．

このように単回帰モデルは非常に単純な仕組みながら，2つの変量間の関係を表現することができます．多変量の線形回帰モデルでも，この節で解説した決定係数の計算や係数の仮説検定が実施できるので，線形回帰モデルの当てはまり具合は容易に判断することができます．

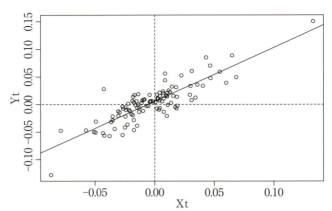

図2.2 2つの株式の収益率と単回帰モデルのあてはめ結果

（注意）厳密に言えば，残差が互いに独立でかつ同一の正規分布に従うことを仮定しないと係数の仮説検定の議論は成立しません．その意味では，モデルの当てはめで得られた残差が正規分布に従っているか否かは，最低限チェックしておく必要があります．正規性のチェックについては，第2.3節で詳しく扱います．

CHAPTER 2.2 線形回帰モデルの係数推定

　線形回帰モデルの基本的な性質とRを用いた簡単な分析方法について説明してきました．ここからは，線形回帰モデルの性質と切片と傾きの求め方などについて説明します．計算には偏微分など，一部難しい数式が出るために，初学者は本節の内容を読み飛ばすか，流れをつかむ程度に眺めるだけでも問題ありません．

2.2.1 最小二乗法

線形回帰モデルの切片 α と傾き β の決め方について，簡単にまとめておきましょう．

はじめに，線形回帰モデルの導入までを簡単に再確認します．線形回帰モデルでは，被説明変量 Y と説明変量 X に対して，「X によって説明される（決まる）Y」という関係を考え，説明しきれない部分には残差 ε を導入して

$$Y = \alpha + \beta X + \varepsilon$$

というモデルを考えています．

説明変量 X と被説明変量 Y に対し，各変量ごとのデータを $\boldsymbol{x} = \{x_1, x_2, \cdots, x_n\}$，$\boldsymbol{y} = \{y_1, y_2, \cdots, y_n\}$ とし，第 i 番目のデータの組を (x_i, y_i) と表します．いま，n 組のデータ (x_1, y_1)，(x_2, y_2)，$\cdots$，(x_n, y_n) を用いて，線形回帰モデルの切片 α と β を推定することがここでの目的となっています．

もちろん，すべてのデータが $y_i = \alpha + \beta x_i$ という関係であれば簡単に切片と傾きは求まりますが，図 2.2 で確認した通り，すべてのデータが直線上に完全にのることはほとんどありません．

そこで，直線からのずれを残差として考えます．残差とは，各データ (x_i, y_i) に応じて生じたずれを指し，$u_i = y_i - \alpha - \beta x_i$ として定義しました．モデルに対応した形式で書き直せば，

$$y_i = \alpha + \beta x_i + u_i$$

という形になります．

さて，最も良い α と β の推定値とはいったい何なのでしょうか．それは，全データと直線とのずれが最も小さくなるような切片と傾きを指すと考えられるでしょう．

図 2.3 では，同じデータの散布図に対して，2 種類の直線を重ね描きしています．（a）で示されているようにデータは右肩上がりの傾向を有

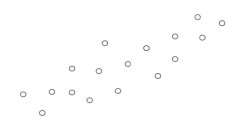

(a) データの散布図

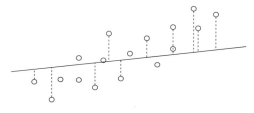

(b) データの散布図にほぼ水平な直線を引く．
ただし，左右両端で直線とデータのずれが大きくなっている

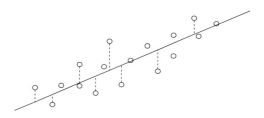

(c) データの散布図に右肩上がりの直線を引く．
直線とデータのずれが小さくなっている

図2.3 直線からのずれが小さい直線をひくイメージ

しています．そのため，(b) のようにほぼ水平な直線を引くと，左側ではデータよりも上に，右側ではデータよりも下に直線が位置してしまい，全体として大きなずれが生じてしまいます．(c) ではデータの右肩上がりの傾向に合わせて，右肩上がりの直線を引いています．そのため，直線とデータのずれは (b) に比べて小さくなっており，よりデータに当てはまっていることが直感的にも分かります．しかしながら，常に人

2.2 線形回帰モデルの係数推定

間がデータを観察して得られた傾向に従って直線を引くわけではないので，データと直線の全体的なずれを定量的に評価する方法が必要となります．

データと直線の全体的なずれについては，すべてのデータに対して先ほど定義した残差 u_i を評価すればよいでしょう．ただし，単純に u_i の和を考えてしまうと，直線の上側の点と下側の点は符号が異なるので，互いに打ち消しあってしまいます．そこで u_i の和ではなく，2乗の和を考えることにします．2乗の和を考える理由は以下の2つがあげられます．1つ目の理由は，2乗した値は0以上をとる，つまりすべてのデータについて $u_i^2 \geq 0$ となるからです．ここで，$u_i = 0$ となる場合は，直線上にデータがのっている場合を指します．残差の2乗は必ず0以上の値を取るため単純な u_i の総和では正の数，負の数で打ち消しあってしまった状況が回避されており，データとのずれが最も小さい直線を選ぶためには，残差の2乗の総和 $\sum_{i=1}^{n} u_i^2$ を最小にするような α, β を選べばよいことになります．

2つ目の理由は，2乗の値の総和を具体的に書き下すと，

$$\sum_{i=1}^{n} u_i^2 = \sum_{i=1}^{n} (y_i - \alpha - \beta x_i)^2$$

のように，推定対象となる切片 α, 傾き β の2次式になるため最小値を達成する α と β を探索することが容易になることがあげられます[6]．

このように2乗の総和を基準に係数を推定する方法を**最小二乗法**（Ordinary Least Square：OLS）と呼びます．

それでは，2乗の総和を $J := \sum_{i=1}^{n} u_i^2$ とおき，J を最小とする α と β の求め方について確認していきましょう．複数の変数に関する最小値の問

---

[6] 正負の数による打ち消しの効果を避けるためには，例えば絶対値を用いる方法があります．つまり，$\sum_{i=1}^{n} |u_i| = \sum_{i=1}^{n} |y_i - \alpha - \beta x_i|$ を最小化する α, β を探す方法です．この場合，最小値を達成する α と β の探索は，2次式の場合よりも難しくなります．

題を解くには,それぞれの変数で偏微分する必要があります.ここで「偏微分する」とは,多変数関数の1つの変数に注目し,それ以外の変数を定数と考えて,1変数関数のように微分する操作のことを指します.具体的には,α と β のそれぞれで1回偏微分した値が0となるような α と β を求めれば,それが J の最小値を達成する α と β になります[*7].

$$\frac{\partial J}{\partial \alpha} = \sum_{i=1}^{n}\{-2(y_i - \alpha - \beta x_i)\} = 0 \tag{2.2}$$

$$\frac{\partial J}{\partial \beta} = \sum_{i=1}^{n}\{-2x_i(y_i - \alpha - \beta x_i)\} = 0 \tag{2.3}$$

式(2.2)は次のように変形させておきます.

$$(2.2) \Leftrightarrow -2\sum_{i=1}^{n}(y_i - \alpha - \beta x_i) = 0 \Leftrightarrow \sum_{i=1}^{n}y_i = \sum_{i=1}^{n}\alpha + \sum_{i=1}^{n}\beta x_i$$
$$\Leftrightarrow n\bar{y} = n\alpha + n\beta\bar{x} \Leftrightarrow \bar{y} = \alpha + \beta\bar{x} \tag{2.4}$$

ここで,$\bar{x}$ と $\bar{y}$ は,x と y の**標本平均**を示しており,それぞれ $\bar{x} = \frac{1}{n}\sum_{i=1}^{n}x_i$ と $\bar{y} = \frac{1}{n}\sum_{i=1}^{n}y_i$ となります.同じように(2.3)についても計算を進めてみましょう.

$$(2.3) \Leftrightarrow -2\sum_{i=1}^{n}\{x_i(y_i - \alpha - \beta x_i)\} = 0 \Leftrightarrow \sum_{i=1}^{n}y_i x_i = \sum_{i=1}^{n}\alpha x_i + \sum_{i=1}^{n}\beta x_i^2$$
$$\Leftrightarrow \sum_{i=1}^{n}y_i x_i = n\alpha\bar{x} + \beta\sum_{i=1}^{n}x_i^2 \tag{2.5}$$

が得られます.ここで,(2.4)と(2.5)の2つの式にそれぞれデータを実際に代入すれば連立方程式から α と β を求めることができます.

[*7] 正確には関数の J の極値を求める計算ですが,線形回帰モデルにおける OLS では極値が最小値であることが分かっています.

この解である α と β は**最小二乗推定量**と呼ばれます．以降では，この2つの最小二乗推定量を $\hat{\alpha}$, $\hat{\beta}$ と記すことにしましょう．

実際にデータが得られていれば，係数が数値として定まり，連立方程式を解くことが可能となりますが，ここでは，もう少し計算を進めることで最小二乗推定量の一般的な形を確認しておきましょう．

あらためて，(2.4) と (2.5) を並べて書いてみましょう．

$$(2.4) \Leftrightarrow \sum_{i=1}^{n} y_i = n\alpha + \beta \sum_{i=1}^{n} x_i$$

$$(2.5) \Leftrightarrow \sum_{i=1}^{n} y_i x_i = \alpha \sum_{i=1}^{n} x_i + \beta \sum_{i=1}^{n} x_i^2$$

ここでは，計算の見通しを立てやすくするため，$\bar{x}$ と $\bar{y}$ を総和の形に戻しています．この連立方程式を，**正規方程式**と呼ぶこともあります．

さて，(2.4) の両辺に $\sum_{i=1}^{n} x_i$ をかけて，(2.5) の両辺には n をかけて，α, β を $\hat{\alpha}$, $\hat{\beta}$ に置き換えると，

$$\sum_{i=1}^{n} x_i \sum_{i=1}^{n} y_i = n\hat{\alpha} \sum_{i=1}^{n} x_i + \hat{\beta} \left(\sum_{i=1}^{n} x_i \right)^2 \quad (2.6)$$

$$n \sum_{i=1}^{n} x_i y_i = n\hat{\alpha} \sum_{i=1}^{n} x_i + n\hat{\beta} \sum_{i=1}^{n} x_i^2 \quad (2.7)$$

が得られます．いま，(2.7) から (2.6) を引く，つまり (2.7) − (2.6) を計算すれば $\hat{\alpha}$ の項を消去することができます．具体的には，

$$n\sum_{i=1}^{n} x_i y_i - \sum_{i=1}^{n} x_i \sum_{i=1}^{n} y_i = \hat{\beta}\left\{n\sum_{i=1}^{n} x_i^2 - \left(\sum_{i=1}^{n} x_i\right)^2\right\}$$

$$\Leftrightarrow n\sum_{i=1}^{n} x_i y_i - (n\bar{x})(n\bar{y}) = \hat{\beta}\left\{n\sum_{i=1}^{n} x_i^2 - (n\bar{x})^2\right\}$$

$$\Leftrightarrow \sum_{i=1}^{n} x_i y_i - n\bar{x}\bar{y} = \hat{\beta}\left\{\sum_{i=1}^{n} x_i^2 - n\bar{x}^2\right\}$$

と計算できるので，その結果 $\hat{\beta}$ は

$$\hat{\beta} = \frac{\sum_{i=1}^{n} x_i y_i - n\bar{x}\bar{y}}{\sum_{i=1}^{n} x_i^2 - n\bar{x}^2} = \frac{\frac{1}{n}\sum_{i=1}^{n}(x_i - \bar{x})(y_i - \bar{y})}{\frac{1}{n}\sum_{i=1}^{n}(x_i - \bar{x})^2} \tag{2.8}$$

と求められます．なお，分子の $\frac{1}{n}\sum_{i=1}^{n}(x_i - \bar{x})(y_i - \bar{y})$ は，データ x_i と y_i の**標本共分散**，$\frac{1}{n}\sum_{i=1}^{n}(x_i - \bar{x})^2$ は x_i の**標本分散**であることに注意してください．つまり，回帰直線の傾きである $\hat{\beta}$ は被説明変数 Y と説明変数 X の関係を表す2つの変量の共分散を，説明変数 X の変動の大きさを示す分散で割った値になっています．

次に，切片の最小二乗推定量 $\hat{\alpha}$ を求めましょう．いま，(2.4) の α，β を $\hat{\alpha}$，$\hat{\beta}$ で置き換えましょう．

$$\sum_{i=1}^{n} y_i = n\hat{\alpha} + \hat{\beta}\sum_{i=1}^{n} x_i \Leftrightarrow n\bar{y} = n\hat{\alpha} + \hat{\beta}n\bar{x}$$

ここで，両辺を n でわると

$$\bar{y} = \hat{\alpha} + \hat{\beta}\bar{x}$$

であるので，(2.8) を利用すれば，

$$\hat{\alpha} = \bar{y} - \bar{x} \frac{\frac{1}{n}\sum_{i=1}^{n}(x_i - \bar{x})(y_i - \bar{y})}{\frac{1}{n}\sum_{i=1}^{n}(x_i - \bar{x})^2}$$

を計算すれば $\hat{\alpha}$ が求まります．

このように最小二乗推定量を用いて作った以下の式

$$y = \hat{\alpha} + \hat{\beta}x \tag{2.9}$$

を**回帰モデル**または**回帰直線**と呼びます．

続いて，回帰モデルを用いた予測値（理論値）を求める方法を述べておきましょう．式 (2.9) のように表現された回帰モデルにおいて，すでに切片 $\hat{\alpha}$ と傾き $\hat{\beta}$ が求められていれば，右辺 x に x_i を代入することで，y の予測値（理論値）を求められます．この予測値を $\hat{y}_i$ と記しておきましょう．

$$\hat{y}_i = \hat{\alpha} + \hat{\beta}x_i$$

ここで，$\hat{y}_i$ はデータ y_i と異なる値であることに注意してください．つまり，予測値 $\hat{y}_i$ とデータ y_i の間には残差（観測誤差）が生じます．その残差の推定値を $\hat{u}_i$ とおけば，

$$\hat{u}_i = y_i - \hat{y}_i \tag{2.10}$$

と計算できます．つまり，説明変数と被説明変数の間に回帰モデルで表したような関係があったとすると，データとして観測された y_i は，その観測ごとに観測誤差 $\hat{u}_i$ が内包されていると考えられます．式で書き表せば，

$$y_i = \hat{y}_i + \hat{u}_i = \hat{\alpha} + \hat{\beta}x_i + \hat{u}_i \tag{2.11}$$

となります．

この残差の推定値 $\hat{u}_i$ は次のような性質を持っています．

残差の性質

性質 1 $\displaystyle\sum_{i=1}^{n} \hat{u}_i = 0$

性質 2 $\displaystyle\sum_{i=1}^{n} x_i \hat{u}_i = 0$

性質 3 $\displaystyle\sum_{i=1}^{n} \hat{y}_i \hat{u}_i = 0$

性質1は，残差の総和が0になることを指していますが，同じく残差の平均が0になるということも指しています．残差の平均が0ということは，回帰直線が散らばっているデータの中心を通っていることを指しており，残差 $\hat{u}_i$ に偏りがないということを指しています．

性質2は，説明変量と残差に関連性がないということを述べています．共分散が0という式を簡略化したとも考えられます．具体的には，性質1の $\hat{u}_i$ の平均が0であることに注意すれば，x_i と $\hat{u}_i$ の共分散が0という式と性質2が等しいことが分かります．

$$\frac{1}{n}\sum_{i=1}^{n}\{(x_i - \bar{x})\hat{u}_i\} = 0 \Leftrightarrow \sum_{i=1}^{n} x_i \hat{u}_i - \bar{x}\sum_{i=1}^{n} \hat{u}_i = 0 \Leftrightarrow \sum_{i=1}^{n} x_i \hat{u}_i = \bar{x}\sum_{i=1}^{n} \hat{u}_i$$
$$\Leftrightarrow \sum_{i=1}^{n} x_i \hat{u}_i = 0$$

また，共分散が0という考えをあらかじめ想定するのではなく，最小2乗推定量の性質を用いても導くことができます．性質2の式の左辺は，$\hat{u}_i = y_i - \hat{\alpha} - \hat{\beta} x_i$ であることに注意すれば，

2.2 線形回帰モデルの係数推定

$$\sum_{i=1}^{n} x_i \hat{u}_i = \sum_{i=1}^{n} x_i(y_i - \hat{\alpha} - \hat{\beta} x_i) = \sum_{i=1}^{n} \{y_i x_i - \hat{\alpha} x_i - \hat{\beta} x_i^2\}$$
$$= \sum_{i=1}^{n} y_i x_i - \hat{\alpha} \sum_{i=1}^{n} x_i - \hat{\beta} \sum_{i=1}^{n} x_i^2 \tag{2.12}$$

と書き換えることができます．ここで，正規方程式（2.5）

$$(2.5) \Leftrightarrow \sum_{i=1}^{n} y_i x_i = \alpha \sum_{i=1}^{n} x_i + \beta \sum_{i=1}^{n} x_i^2$$

を思い出しましょう．$\hat{\alpha}$ と $\hat{\beta}$ は（2.5）を満たすように求められています．したがって，

$$\sum_{i=1}^{n} y_i x_i = \hat{\alpha} \sum_{i=1}^{n} x_i + \hat{\beta} \sum_{i=1}^{n} x_i^2$$

を満たすため，（2.12）の値は 0 であることが分かります．

性質 3 は，予測値 $\hat{y}_i$ と残差の推定値 $\hat{u}_i$ との間に関係がないことを示しています．いま，性質 3 の式に $\hat{y}_i = \hat{\alpha} + \hat{\beta} x_i$ を代入すれば，

$$\sum_{i=1}^{n} \hat{y}_i \hat{u}_i = \sum_{i=1}^{n} (\hat{\alpha} + \hat{\beta} x_i) \hat{u}_i$$

と変形できます．ここで，$\hat{\alpha} = \bar{y} - \hat{\beta} \bar{x}$ であることに注意すれば，

$$\sum_{i=1}^{n} (\hat{\alpha} + \hat{\beta} x_i) \hat{u}_i = \sum_{i=1}^{n} \{(\bar{y} - \hat{\beta} \bar{x}) + \beta x_i\} \hat{u}_i$$
$$= \sum_{i=1}^{n} (\bar{y} \hat{u}_i - \hat{\beta} \bar{x} \hat{u}_i + \beta x_i \hat{u}_i)$$
$$= \bar{y} \sum_{i=1}^{n} \hat{u}_i - \hat{\beta} \bar{x} \sum_{i=1}^{n} \hat{u}_i + \beta \sum_{i=1}^{n} x_i \hat{u}_i = 0$$

と計算できます．ここで，第 1 項目と第 2 項目は，性質 1 により 0，第

3項目は性質2によって0であることを利用しました．

ここまでで，残差に関する3つの性質を確認しました．いま，(2.11)を再確認すると，異なった視点が浮かび上がってきます．はじめに

$$y_i = \hat{y}_i + \hat{u}_i$$

についてです．先ほどは，データ y_i には，理論値である $\hat{y}_i$ に加えて観測誤差 $\hat{u}_i$ が内包されていると解釈しました．ここで，性質3を用いると，$\hat{y}_i$ と $\hat{u}_i$ はお互いに関連性がないということが分かります．つまり，この式は観測値である y_i を，お互いに無関係である，理論値 $\hat{y}_i$ と観測誤差 $\hat{u}_i$ に分解したと考えられます．

次に，

$$y_i = \hat{\alpha} + \hat{\beta} x_i + \hat{u}_i$$

については，性質1と性質2を用いれば，偏りのない観測誤差 $\hat{u}_i$ に加えて，説明変量の観測値との関係を表す $\hat{\beta} x_i$ と全ての観測値に共通した偏り $\hat{\alpha}$ の3種類の成分に分解したと考えられます．

最後のまとめとして，残差の性質についてRを用いて確認してみましょう．

はじめに，残差の系列を取り出します．Yt を Xt で説明する単回帰モデルの当てはめ結果は，オブジェクト result に格納しました．その残差を取り出すには，関数 resid を用います．その利用法は，

```
resid(モデルを当てはめた結果のオブジェクト名)
```

です．ここでは，単回帰モデルの当てはめ結果から得られた残差系列をUt に代入しましょう．

```
> Ut=resid(result)
```

2.2 線形回帰モデルの係数推定

この残差系列 Ut に対して，残差の性質1と性質2が成り立っているか否かを確認しましょう．ここで，性質1では残差系列の総和，性質2では残差系列と説明変数のデータの積の総和の計算について述べています．Rで総和を計算する場合，関数 **sum** を利用します．

```
sum(計算対象のオブジェクト名)
```

性質1については，次のように入力しましょう．

```
> sum(Ut)
[1] -4.033232e-17
```

出力結果は，-4.033232e-17 となっています．ここで，Rでの出力 e-17 とは，10^{-17} を指します．つまり，ここでの出力結果は $-4.033232 \times 10^{-17}$ となっており，非常に小さくほとんど0であるとみなすことができ，性質1の「残差系列の総和は0」が満たされていると判断できます．

続いて，性質2について確認しましょう．説明変数のデータ x_i と残差系列 $\hat{u}_t$ の積の総和を求めることが目的です．ここで，Rでは，単純にそれぞれのデータベクトル Xt と Ut を積の記号 * でつなぎ合わせるとデータベクトルの要素同士の積をもつデータベクトルが得られます．したがって，両者の積の総和を得るためには次のように入力しましょう．

```
> sum(Ut*Xt)
[1] -1.418145e-18
```

ここでも，出力結果は-1.418145e-18 となっており，読み替えれば $-1.418145 \times 10^{-18}$ であるため，非常に小さく0とみなすことができるため，性質2が成立していると判断できます．

以上より，Rを用いて性質1と性質2が成り立っていることが確認で

きました．

続いて，性質3を確認しましょう．切片 $\hat{\alpha}$ と傾き $\hat{\beta}$ を取り出すためには，単回帰モデルを当てはめた結果を格納したオブジェクトに対して関数 coef を適用します．

```
coef(モデルを当てはめた結果のオブジェクト名)
```

このように入力すると，切片の推定値 $\hat{\alpha}$ を第1要素，傾きの推定値 $\hat{\beta}$ を第2要素とするデータベクトルが出力されます．

```
> coef(result)[1]
(Intercept)
0.005502206
> coef(result)[2]
       Xt
0.9778993
> coef(result)
(Intercept)          Xt
0.005502206  0.977899328
```

特に要素を指定しない場合には，最後の入出力のように $\hat{\alpha}$ は (Intercept) に，$\hat{\beta}$ は Xt にそれぞれ出力されます．

性質3を調べるために，説明変数のデータ Xt と，残差系列 Ut を用いて $(\hat{\alpha}+\hat{\beta}x_i)\hat{u}_i$ の総和を計算してみましょう．

```
> sum((coef(result)[1]+coef(result)[2]*Xt)*Ut)
[1] -9.944167e-19
```

その値は $-9.944167 \times 10^{-19}$ という非常に小さく，性質3の通りに，0になったと考えられます．

なお，R では，予測値 $\hat{y}_i = \hat{\alpha}+\hat{\beta}x_i$ の定義通りに線形回帰モデルの当てはめ結果から予測値を得るための関数 predict が用意されています．

> ## 2.2 線形回帰モデルの係数推定

```
predict(モデルを当てはめた結果のオブジェクト名)
```

この予測値を求める関数 `predict` は，線形回帰モデルだけではなく，その他様々なモデルにも適用できるため，これ以降で説明する様々な分析手法を用いた際にも利用することになります．

それでは，`predict` を利用して，ふたたび性質3を確認してみましょう．

```
> sum(predict(result)*Ut)
[1] -9.944167e-19
```

得られた数値は，先ほどと全く同様の $-9.944167 \times 10^{-19}$ であり，ほとんど0であるということが確認できました．

ここまでで，線形回帰モデルを考えた場合の切片と傾きの求め方と，残差の性質について説明してきました．切片と傾きを求める方法である最小二乗法は，観測データである y_i とモデルを用いて得られる予測値 $\hat{y}_i$ の差の2乗が最も小さくなるような値を推定する方法です．

つまり，あらかじめ得られた観測データに対してモデルを用いた予測値をどの程度近づけられるか，データと予測値のずれを最小にするという意識でパラメタを推定しています．これは，これから説明していく機械学習における学習目標の設定に通じています．すなわち，目的とする値との差を小さくするという意識での学習法といえます．

また，この最小二乗法の議論においては確率の考え方を用いていない点にも注意してください．線形回帰モデルについては，残差に何らかの確率分布，たいていの場合は正規分布を仮定しています．残差が正規分布であることを利用して様々な分析方法が開発されていったために，あらかじめ残差に正規分布を仮定してから議論をすすめる教科書もたくさんありますが，切片と傾きを最小二乗法で求めるだけであれば，残差の

平均が0という以外に，特定の確率分布を仮定する必要がない点は覚えておいてください．

2.2.2　最尤法

線形回帰モデルなどの係数を推定する方法のうち，すでに説明した最小二乗法では，残差に確率分布を仮定する必要はなく，単純にデータの値 y_i と線形回帰モデルによる予測値 $\hat{y}_i$ の差の2乗が最も小さくなるような切片と傾きを推定しました．

ここでは，異なる推定法である最尤法について説明します．最小二乗法がデータと予測値のずれを最小にする視点からの係数値の推定法であることに対し，最尤法は得られたデータをもとに最も発生しそうな係数の値を推定する方法と言えます．この「最も発生しそう」という言葉を数値として表現するための前提が確率分布の仮定になります．そうすることで「ある状態が発生しそう」という言葉は「ある状態になる確率が高い」と置き換えられるので，確率を用いた最適化関数を定義でき，その結果，関数を最大化することで係数の推定が実行できます．

それでは最尤法を具体的に説明していきましょう．まず，観測されているデータは (x_1, y_1), (x_2, y_2), $\cdots$, (x_n, y_n) とします．そして，確率分布を導入するわけですが，ここでは線形回帰モデルの残差に確率分布を仮定します．最小二乗法の説明のときにも確認しましたが，線形回帰モデルでは，残差の平均は0かつ直線の周りに無作為に散らばっていることが望まれますので，ここでは残差に平均が0である正規分布を仮定します．標本の散らばり具合を示す分散については事前に設定できないので，ここでは未知パラメタの σ^2 とおきます．また，残差の性質がデータの順番などには左右されないことが望ましいので，各残差の間は独立であると仮定します．以上をまとめると，u_i は互いに独立で，平均0，分散 σ^2 の正規分布に従っていると仮定することになります．

この仮定のもとでは，ある残差 u_i の確率密度関数 $f(u_i | \sigma^2, \alpha, \beta)$ [*8] は，

$$f\left(u_i \mid \sigma^2, \alpha, \beta\right) = \frac{1}{\sqrt{2\pi\sigma^2}} \exp\left(-\frac{1}{2\sigma^2} u_i^2\right)$$
$$= \frac{1}{\sqrt{2\pi\sigma^2}} \exp\left\{-\frac{1}{2\sigma^2}(y_i - \alpha - \beta x_i)^2\right\}$$

と表せます.

ここで，独立な事象の同時確率は，それぞれの確率の積で表せます．例えば，さいころを2回振って，2回とも1が出る確率は，$\frac{1}{6} \times \frac{1}{6} = \frac{1}{36}$ です.

残差は全部で n 個あるわけですから，すべての残差の同時確率は

$$\prod_{i=1}^{n} f\left(u_i \mid \sigma^2, \alpha, \beta\right)$$
$$= f\left(u_1 \mid \sigma^2, \alpha, \beta\right) \times f\left(u_2 \mid \sigma^2, \alpha, \beta\right) \times \cdots \times f\left(u_n \mid \sigma^2, \alpha, \beta\right)$$
$$= \prod_{i=1}^{n} \frac{1}{\sqrt{2\pi\sigma^2}} \exp\left\{-\frac{1}{2\sigma^2}(y_i - \alpha - \beta x_i)^2\right\}$$
$$= \left(\frac{1}{\sqrt{2\pi\sigma^2}}\right)^n \exp\left\{-\frac{1}{2\sigma^2}\sum_{i=1}^{n}(y_i - \alpha - \beta x_i)^2\right\}$$

と計算することができます．この同時確率を**標本尤度関数**，または，**尤度関数**と呼びます．尤度関数は同時確率を示しているため，「最も発生する可能性の高い状態」を探るための最適化関数になっており，これを最大化することでパラメタの推定が可能になります．データはすでに観測された値であり操作できないため，尤度関数を最大化する際に動かすことができる変数は3つのパラメタのみとなります．そのため，尤度

---

*8
　確率密度関数は，f（確率変数｜未知パラメタ）と表記します．今回は，線形回帰モデルの切片 α と傾き β に加えて，正規分布の分散 σ^2 も未知の値ですので，2つの係数と分散の計3つのパラメタを記載しています．

関数は，尤度（Likelihood）の頭文字をとり，$L(\alpha, \beta, \sigma^2)$，または，パラメタをまとめて$\theta$で表現した$L(\theta)$と表されることが多いです．

それでは，どのようにして尤度関数を最大化させるのでしょうか．尤度関数は同時確率ですので，正の値をもち上限値は高々1になります[*9]．そこで尤度関数$L(\theta)$を最大化するのではなく，尤度関数の対数$\log L(\theta)$の最大値を考えることにします．これは尤度関数は同時確率であるために積の形になっているので，対数をとって和の形に直したほうが計算しやすくなるからです．加えて，導入する確率分布の密度関数が指数関数の形になっていることが多いため，計算上のメリットもあります．

尤度関数の対数を小文字の$l(\theta)$と記し，対数尤度関数と呼びます．それでは，対数尤度関数$l(\theta)$を確認してみましょう．

$$\begin{aligned}l(\theta) &= \log L(\theta) \\ &= \log\left[\left(\frac{1}{\sqrt{2\pi\sigma^2}}\right)^n \exp\left\{-\frac{1}{2\sigma^2}\sum_{i=1}^{n}(y_i - \alpha - \beta x_i)^2\right\}\right] \\ &= -\frac{n}{2}\log(2\pi) - \frac{n}{2}\log\sigma^2 - \frac{1}{2\sigma^2}\sum_{i=1}^{n}(y_i - \alpha - \beta x_i)^2\end{aligned}$$

次に対数尤度関数$l(\theta)$を最大化するようなパラメタの値を求めましょう．パラメタα, βでそれぞれ偏微分した値が0になるようなα, βが最大値を取る候補となります．はじめにαで偏微分してみましょう．

$$\frac{\partial l(\theta)}{\partial \alpha} = -\frac{1}{2\sigma^2}\sum_{i=1}^{n}\{-2(y_i - \alpha - \beta x_i)\} = \frac{1}{\sigma^2}\sum_{i=1}^{n}(y_i - \alpha - \beta x_i) = 0$$

[*9] 確率ですので最小値が0であるとも考えられます．しかし，尤度関数を用いた議論は，そもそも自ら確率構造を導入して議論を始めているため，絶対に起こりえない状況である確率が0をとるような前提は排除していると考えます．

$$\Leftrightarrow \sum_{i=1}^{n}(y_i - \alpha - \beta x_i) = 0 \Leftrightarrow n\bar{y} - n\alpha - n\beta\bar{x} = 0$$

$$\Leftrightarrow \bar{y} = \alpha + \beta\bar{x} \tag{2.13}$$

続いて β で偏微分してみましょう.

$$\frac{\partial l(\theta)}{\partial \beta} = -\frac{1}{2\sigma^2}\sum_{i=1}^{n}\{-2x_i(y_i - \alpha - \beta x_i)\} = \frac{1}{\sigma^2}\sum_{i=1}^{n}x_i(y_i - \alpha - \beta x_i) = 0$$

$$\Leftrightarrow \sum_{i=1}^{n}x_i(y_i - \alpha - \beta x_i) = 0$$

$$\Leftrightarrow \sum_{i=1}^{n}x_i y_i - n\alpha\bar{x} - \beta\sum_{i=1}^{n}x_i^2 = 0 \tag{2.14}$$

いま,尤度関数を最大化する α と β は,(2.13)と(2.14)を満たします.つまり,連立方程式

$$(2.13) \Leftrightarrow \sum_{i=1}^{n}y_i = n\hat{\alpha} + \hat{\beta}\sum_{i=1}^{n}x_i$$

$$(2.14) \Leftrightarrow \sum_{i=1}^{n}x_i y_i = n\hat{\alpha}\bar{x} + \hat{\beta}\sum_{i=1}^{n}x_i^2$$

の解である $\hat{\alpha}$, $\hat{\beta}$ が尤度関数を最大化させます.この $\hat{\alpha}$ と $\hat{\beta}$ を最尤推定量と呼びます.

ところで,この連立方程式は見覚えがある形をしています.それは,最小二乗法で切片 α と傾き β を推定する際に導いた正規方程式と全く同じ形になっています.つまり,<u>単回帰モデルを考えた場合には最小二乗推定量と最尤推定量は一致します</u>.

単回帰モデルでは,切片と傾きの推定値,$\hat{\alpha}$ と $\hat{\beta}$ について,最小二乗法を用いた場合も,最尤推定法を用いた場合も,同じ値になりました.そのため,一般的には,それぞれの推定法の違いについては議論されず,

その結果として得られる計算方法のみ注目されています．しかしながら，最小二乗法では確率構造を考えずとも議論ができ，言うなれば幾何的な性質のみで推定値を導くことができました．その一方で，最尤推定法では，あらかじめ確率構造を導入したうえで，最もあり得そうな状況を作り出すパラメタを最尤推定値として導いています．この考え方の違いは，本書で扱う機械学習法の違いにつながっています．前者は第3章で述べる線形判別分析，サポートベクターマシンのように幾何的に分類を行う手法につながっており，後者は第4章で述べるロジスティック回帰モデルによる確率構造を導入した分類手法につながっています．

ところで，今回の最尤推定法の枠組みでは，残差に平均パラメタ0，分散パラメタ σ^2 の正規分布を仮定しました．そのため，残差の分散 σ^2 も未知パラメタとして設定していますので，その最尤推定量を求めておきましょう．まずは，対数尤度関数 $l(\theta)$ を σ^2 で偏微分します．

$$\frac{\partial l(\theta)}{\partial \sigma^2} = -\frac{n}{2}\frac{1}{\sigma^2} + \frac{1}{2}(\sigma^2)^{-2}\sum_{i=1}^{n}(y_i - \alpha - \beta x_i)^2 = 0$$

$$\Leftrightarrow \frac{n}{2}\frac{1}{\sigma^2} = \frac{1}{2}(\sigma^2)^{-2}\sum_{i=1}^{n}(y_i - \alpha - \beta x_i)^2$$

$$\Leftrightarrow n\sigma^2 = \sum_{i=1}^{n}(y_i - \alpha - \beta x_i)^2 \tag{2.15}$$

残差の分散パラメタの最尤推定量 $\hat{\sigma}^2$ は，(2.15) だけでなく (2.13) と (2.14) も満たすため，$\hat{\alpha}$ と $\hat{\beta}$ を用いて次のように計算できます．

$$\hat{\sigma}^2 = \frac{1}{n}\sum_{i=1}^{n}(y_i - \hat{\alpha} - \hat{\beta}x_i)^2$$

さらに，残差の予測値 $\hat{u}_i = y_i - \hat{\alpha} - \hat{\beta}x_i$ であるため，残差の分散の最尤推定量は

$$\hat{\sigma}^2 = \frac{1}{n}\sum_{i=1}^{n}\hat{u}_i^2$$

となり，残差の予測値の平均が 0 であることから，残差の予測値の標本分散に一致していることが分かります．

2.3 残差によるモデルの検討

　線形回帰モデルでは通常，残差が互いに独立でかつ同一の正規分布に従うことを仮定しています．なぜかというと，もしこの仮定が成立しなければ，第 2.1 節にあった「係数の有意性」に関する仮説検定は成立しないからです．仮に仮説検定で係数が有意だと判断されたとしても，残差が独立かつ同一の正規分布に従っていなければその判断に価値はありません．その意味からいえば，モデルの当てはめで得られた残差が，互いに独立になっているか，正規分布に従っているか否かをチェックすることは，線形回帰モデルを用いた分析において，とても重要な作業になりますが，多くの現場でこのことが見過ごされています．本節では，この残差のチェックについて，R と実データを用いながら簡単に説明していきます．

　まず初めに，残差が互いに独立になっているか否かについてです．互いに独立か否かを厳密にチェックすることは非常に難しい問題です．今回の例で用いた株価の収益率の場合であれば，時間依存の傾向があるか否かを確認しなければなりません．株式データの場合はデータの並ぶ順番は取引日に相当するので，データの並び順（ここでは時間経過順）には時系列としての意味があるといえます[*10]．単回帰モデルにおいて説明変数が時間依存の構造を十分説明できていれば，残差に時間依存の傾

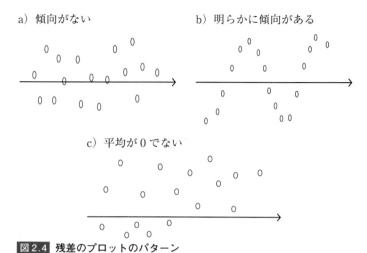

図 2.4 残差のプロットのパターン

向は残りませんが，もし時間依存の傾向が推定した残差に表れているのであれば，それは説明変数の数が不足していることに他なりません．ここでは，残差のプロットを描いて視覚的にかつ簡便に確認する方法を述べておきます．図 2.4 では，残差のプロットについて代表的なパターンを示しています．

もし (a) に示されているように，平均が 0 であり特に傾向が認められないような残差プロットが得られれば，推定した残差には問題がないことが分かります．反対に (b) のように明らかに時間的（順序的）な傾向が残っているような場合であれば，説明変数の数を見なおす必要があります．

また，(c) のように，(b) のような明らかな傾向がないように見えても，平均が 0 でなく全体的に正に偏っている，または (c) とは逆に負の方向に偏っている場合も含めて，平均が 0 でなく正か負のいずれかに

---

*10
　このあたりの議論については，拙著「現場ですぐ使える時系列データ分析」を参考にしてください．

2.3 残差によるモデルの検討

偏っている状況であれば，切片をしっかり推定できていない可能性があり，正しく単回帰モデルのパラメタを推定できているのか疑問が生じます．ここでは極端な例を挙げましたが，データに対して単回帰モデルなどの線形回帰モデルを当てはめる際は，必ず残差の散布図を確認するようにしましょう．

それでは，R 上で残差 Ut の散布図を描き，傾向の確認をしてみましょう．散布図を描くためには関数 plot を利用しますが，先ほど述べた利用法とは少し違う入力をします．

```
> plot(Ut)
> abline(h=0,lty=3)
> plot(Ut,type="h")
> abline(h=0)
```

関数 plot に引数 x と y を特に指定せずに，推定した残差である Ut のみを与えた場合には，x 軸にはデータの順番が割り当てられ，Ut の値は y 軸方向にプロットされます．平均が 0 であることが望ましいため，残差のプロットに $y=0$ の水準線を重ね描きをしました．この入力結果は図 2.5 の上段に示しています．なお，図 2.5 の下段には $y=0$ の水準線に垂線を下した形式のプロットを図示しています．この形式の図は，次の 2 点に注意して確認するためのものです．はじめに平均が 0 であることを確認するため，垂線の長さがいずれか一方に偏っていないかを確認することがあげられます．次に，傾向がないことを確認するために $y=0$ の水準線の周りで無秩序に上下にちらばっているか，その様相を確認することがあげられます．

図 2.5 の上段，下段のいずれを確認しても，$y=0$ の水準の上下いずれかに点が偏っている様子は見受けられず，図 2.4 の (b) で見られたような特別な傾向が残っている様子もみられないため，残差 Ut は，特別な傾向がなく互いに独立になっていると考えられます．

次に，残差 Ut の従う確率分布について調べましょう．データが従う

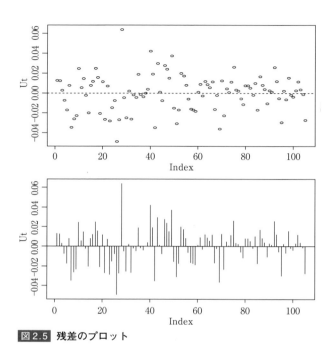

図 2.5 残差のプロット

確率分布を調べる方法としては，ヒストグラムを描き視覚的に確認する方法があげられます．

R上でヒストグラムを描くには，ヒストグラムを描きたいオブジェクトに対して関数 hist を適用します．

```
hist(対象となるオブジェクト名)
```

なお，ヒストグラムの帯の数については，Rが自動で設定します．

それでは，残差 Ut のヒストグラムを描いてみましょう．

```
> hist(Ut)
```

と入力すると，図2.6の左側に示したヒストグラムが表示されます．こ

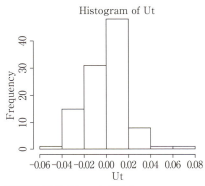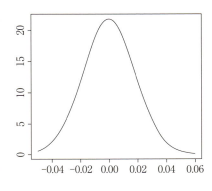

図 2.6 残差のヒストグラム

のヒストグラムの形状が正規分布の密度関数に近いか否かによって，残差 Ut が正規分布に従っているか否かを判断します．

判断の手助けとして，正規分布の密度関数を図 2.6 の右側に描きました．ここで描いた密度関数は，残差 Ut の標本平均値を平均パラメタ，標本分散を分散パラメタにもつ正規分布の密度関数です．ヒストグラムの形は，値が 0 のときにピークを迎える凸型をしており，おおむね正規分布の密度関数に近いため，残差 Ut は正規分布に従っていると考えてもよさそうです．

残差 Ut が正規分布に従っているか否かを視覚的に確認するもう一つの方法としては，**QQ プロット**による確認方法があります．Q は **Quantile（確率点）**の頭文字をとったものであり，横軸には理論的に求めた確率分布の確率点をとり，縦軸にはデータから作成した**経験分布関数**の確率点をプロットしています．今回は，正規分布に従っているか否かを確認するため，横軸には正規分布の確率点をとります．このとき，確認対象のデータが正規分布に従っていれば，QQ プロットは直線上に並ぶことになります．

R 上で，あるオブジェクトが正規分布に従っているか否かを QQ プロットで確認するためには，理論分布を正規分布に指定した QQ プロット

を描く関数 qqnorm と，指定した理論分布（ここでは正規分布）に従っているか否かを確認するための直線を QQ プロット上に引くための関数 qqline の 2 つを利用します．いずれも，

```
qqnorm(確認したいオブジェクト)
qqline(確認したいオブジェクト)
```

と入力します．今回は，残差 Ut について確認するため，次のように続けて入力しましょう．

```
> qqnorm(Ut)
> qqline(Ut)
```

入力すると，図 2.7 が表示されます．

左端と右端で直線からずれている点がいくつか観測できますが，おおむね直線上にのっていると考えてもよいため，残差 Ut は正規分布に従

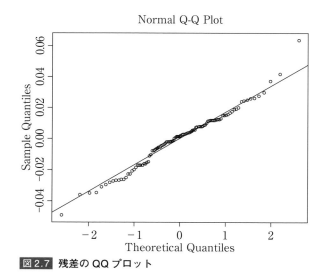

図 2.7　残差の QQ プロット

っていると判断してよさそうです．

　なお，左端で直線よりも下に，右端で直線よりも上に点が描画されている場合は，正規分布よりも平均値からより離れた値が出ている状況を示しています．平均値を境にして，正規分布を仮定したよりもさらに小さい値や大きな値が出やすいことを指して，裾が重い，裾が厚いなどと呼ぶことがあります．これは図 2.6 の左図で示されているように，確率密度関数が平均を境に左右に伸びていくにしたがって値が小さくなっていく様子が着物の裾を思い起こさせており，なかなか値が小さくならない様子を，重たい裾をひきずっている，または，裾が厚いため値がなかなか小さくならないといった状態を指した比喩表現です．

　ここまで，分析対象である残差が正規分布に従っているか否かを視覚的に確認する方法を説明してきました．視覚的に確認する方法は，ある意味で個人の主観が入ってしまうことが避けられません．そのため，正規分布に従っているか否かを定量的に確認する方法として，仮説検定を用いた確認法があります．

　それでは，本節の最後に仮説検定を用いた確認法を説明します．あるデータが正規分布に従っているか否かについての仮説検定を**正規性の検定**と呼びます．今回は正規性の検定のなかで，Shapiro-Wilk の検定について紹介します．この検定の帰無仮説は「対象データが正規分布に従う」になっています．そのため，ある有意水準を設定し，得られた p 値が有意水準以下であれば，帰無仮説を棄却して「対象データが正規分布に従う」わけではない，から転じて，対象データは正規分布に従っていないと判断します．一方で，p 値が有意水準を超えていれば帰無仮説を受容し，対象データが正規分布に従うと判断します．

　ここで，R 上で Shapiro-Wilk の検定を実行するには，関数 **shapiro.test** を利用します．

```
shapiro.test(オブジェクト名)
```

それでは，残差を格納したオブジェクト Ut に shapiro.test を適用してみましょう．

```
> shapiro.test(Ut)

        Shapiro-Wilk normality test

data: Ut
W = 0.98162, p-value = 0.1543
```

出力結果の内，p-value=0.1543 に注目してください．p 値は 15.43％ でした．有意水準を 10％としても帰無仮説を受容するため，残差 Ut は正規分布に従っていると判断できます．

さて，この節では，単回帰モデルを当てはめた際に得られた残差が，互いに独立に正規分布に従っているかどうかの確認方法について述べました．互いに独立であるか否かについては残差のプロットを描き，視覚的に確認する方法について述べました．残差に傾向が残っている場合には，当てはめたモデルが適切であったか否かを確認する必要があります．また，互いに独立であることが確認できたのちには，正規分布に従っているかどうかの確認を行いました．ヒストグラム，または QQ プロットを用いた視覚的な確認のほかに，正規性の検定による定量的な判断法について述べました．これらの調査は，そもそも単回帰モデルのパラメタ推定に関する仮説検定の議論の前提条件となっている，残差が互いに独立に同じ正規分布に従っているという条件が成り立っているかを確認しています．このように，何らかのモデルを当てはめたのちに考察や議論を展開する際には，何らかの前提条件が課されている場合が数多くあります．正当な推論と結果を得るためには，常にどのような前提条件が課されており，それらが満たされているかについて注意することを念頭に置くようにしてください．

コラム：極値と偏微分

最小二乗推定量を求める際に，残差の2乗和を最小とするパラメタの値を見つけるために，各パラメタの偏微分を行いました．一方で，最尤推定量を求める際には，尤度関数を最大とするパラメタの値を見つけるために，各パラメタの偏微分を行いました．どちらも，偏微分を用いているにもかかわらず，一方は最小値，もう一方は最大値を求めるために利用しています．

偏微分は，最大値，最小値などの候補となる極大値，極小値を求めるために利用します．図2.8で記したように，関数の値が凹んでいるところ（下に凸なところ）を極小値，出っ張っているところ（上に凸なところ）を極大値と呼びます．このような箇所は1回微分をした値が0になる性質が知られています．

もう少し詳しく説明すると，極大値を達成する値に向かっては，山を登っていくような形になり，頂上となる極大値の地点で平らになったのちに，山を下りていくようなイメージになっています．つまり，1回微分した値が，正→0→負のように変化していくときに極大値になっており，他方，極小値の場合には，1回微分した値が，負→0→正のように変化していきます．

さて，最小二乗法は，残差の2乗和を最も小さくするようなパラメタの値を求める方法でした．ここで，残差の2乗和は推定対象のパラ

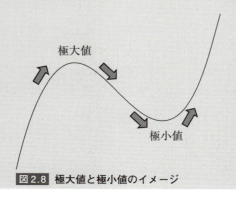

図2.8 極大値と極小値のイメージ

メタ α と β のそれぞれについての2次関数になっていました．正確には切片 α と傾き β の2変数関数ですので面のようになっていますが，偏微分を考えるときのように興味があるパラメタ以外を固定した場合には，対象となるパラメタのみが変数となり図2.9のような形になるため，極小値が最小値となることをイメージできると思います．

一方で，最尤推定量の場合はどうでしょうか．今回は，残差が従う分布として正規分布を仮定しました．そのため，尤度関数は正規分布の密度関数の積になっています．いま，正規分布の密度関数は図2.10のような形をしており，平均値を達成する点で極大値かつ最大値をとることが分かります．推定対象のパラメタである α も β も平均値にかかわる箇所であるために，1回偏微分した値が極大値を取る点のところで，尤度関数を最大にすることがイメージできると思います．

なお，イメージを思い浮かべにくい場合には，1回偏微分した値が

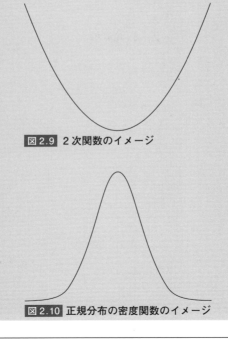

図2.9 2次関数のイメージ

図2.10 正規分布の密度関数のイメージ

0になる近辺での符号を確認すれば，その点が極小値または極大値なのかを確認することができます．ここでは，切片 α について確認しましょう．

最小二乗法の場合には，

$$\frac{\partial J}{\partial \alpha} = \sum_{i=1}^{n} \{-2(y_i - \alpha - \beta x_i)\} = 0$$
$$\Leftrightarrow -(\bar{y} - \alpha - \beta \bar{x}) = 0 \Leftrightarrow (\alpha - (\bar{y} - \beta \bar{x})) = 0$$

となり，$\alpha = \bar{y} - \beta \bar{x}$ において偏微分した値が0になり，$\alpha < \bar{y} - \beta \bar{x}$ のときには負，$\alpha > \bar{y} - \beta \bar{x}$ のときには正の値をとるため，$\alpha = \bar{y} - \beta \bar{x}$ では極小値をとることが分かります．

一方で，最尤推定法の場合には

$$\frac{\partial l(\theta)}{\partial \alpha} = -\frac{1}{2\sigma^2}\sum_{i=1}^{n}\{-2(y_i - \alpha - \beta x_i)\} = 0$$
$$\Leftrightarrow \bar{y} - \alpha - \beta \bar{x} = 0$$

であるため，$\alpha = \bar{y} - \beta \bar{x}$ において偏微分した値が0になり，$\alpha < \bar{y} - \beta \bar{x}$ では正，$\alpha > \bar{y} - \beta \bar{x}$ では負であるため，$\alpha = \bar{y} - \beta \bar{x}$ では極大値をとることが分かります．

最小二乗法にせよ，最尤推定法にせよ，目的となる関数を最小または最大にする値を求めるために，推定対象のパラメタごとに1回偏微分を求めて極値を取る点を探します．その極値が極小値か極大値かは，関数の外形を思い浮かべられる場合にはそのイメージで，もしくは極値周辺の符号変化によって判定します．ただし，本コラムの内容については，実際の議論では周知の事実として，特段調べることもなくそれぞれの1回偏微分の値を推定値として採用している場合が多いように思えます．皆様も実際に応用する場では，わざわざ調べる必要はありませんが，極値が極大値，または極小値のいずれになるかの調べ方については忘れないようにしてください．

モデルの説明力
～決定係数と相関係数～

　線形回帰モデルにおいて，被説明変量を説明変量を用いてどの程度まで説明できているかを測る指標として決定係数を紹介しました．ここでは，決定係数の考え方について述べていきましょう．

　あるデータがその平均からどの程度ずれているかを偏差と呼びます．いま，y_i とその平均 $\bar{y}$ との偏差二乗和 $\sum_{i=1}^{n}(y_i - \bar{y})^2$ を考えましょう．標本分散は偏差二乗和をデータの個数 n で割ることで，データ1つあたりの変動の大きさを示す指標です．この偏差二乗和は，データ全体の変動の大きさを考えているため，全変動と呼びます．

　さて，この全変動は

$$\sum_{i=1}^{n}(y_i - \bar{y})^2 = \sum_{i=1}^{n}(\hat{y}_i + \hat{u}_i - \bar{y})^2$$

$$= \sum_{i=1}^{n}\{(\hat{y}_i - \bar{y}) + \hat{u}_i\}^2$$

$$= \sum_{i=1}^{n}(\hat{y}_i - \bar{y})^2 + 2\sum_{i=1}^{n}(\hat{y}_i - \bar{y})\hat{u}_i + \sum_{i=1}^{n}\hat{u}_i^2$$

$$= \sum_{i=1}^{n}(\hat{y}_i - \bar{y})^2 + 2\sum_{i=1}^{n}\hat{y}_i\hat{u}_i - 2\bar{y}\sum_{i=1}^{n}\hat{u}_i + \sum_{i=1}^{n}\hat{u}_i^2$$

と変形できます．最後の式の第2項は残差の性質3：$\sum_{i=1}^{n}\hat{y}_i\hat{u}_i = 0$，第3項は残差の性質1：$\sum_{i=1}^{n}\hat{u}_i = 0$ であることから，いずれも0であることが分かります．したがって，全変動は

2.4 モデルの説明力〜決定係数と相関係数〜

$$\sum_{i=1}^{n}(y_i - \bar{y})^2 = \sum_{i=1}^{n}(\hat{y}_i - \bar{y})^2 + \sum_{i=1}^{n}\hat{u}_i^2$$

と表せます．なお，この式の右辺のうち，第1項目は，

$$\sum_{i=1}^{n}(\hat{y}_i - \bar{y})^2$$

となっており，モデルによる予測値 $\hat{y}_i$ と $\bar{y}$ との偏差二乗和になっており，いわば，モデルによって説明される変動部分と考えられます．他方，第2項目は

$$\sum_{i=1}^{n}\hat{u}_i^2$$

のように残差の二乗和であるため，言うなれば，モデルでは説明できなかった変動部分になっています．

つまり，<u>全変動は，モデルで説明できる部分と，モデルでは説明できなかった部分に分解することができます</u>．ここで，全変動に対してモデルがどの程度説明できているかを示す指標を**決定係数**と呼び，全変動に対するモデルが説明する部分の比として定義します．一般的に決定係数は R^2 と表し，具体的には以下のように定義します．

$$R^2 = \frac{\sum_{i=1}^{n}(\hat{y}_i - \bar{y})^2}{\sum_{i=1}^{n}(y_i - \bar{y})^2}$$

または，残差の推定値を用いて，

$$R^2 = 1 - \frac{\sum_{i=1}^{n} \hat{u}_i^2}{\sum_{i=1}^{n} (y_i - \bar{y})^2}$$

と表せます．この定義から分かるように，決定係数とはデータ y_i の全変動に対してモデル（この場合は単回帰）の変動が説明する割合ですから，決定係数が高いほど（1に近いほど）モデルは，データを良く説明していることになります．なお，定義より $0 \leq R^2 \leq 1$ となります．

この決定係数 R^2 ですが，次のように変形できます．

$$R^2 = \frac{\sum_{i=1}^{n}(\hat{y}_i - \bar{y})^2}{\sum_{i=1}^{n}(y_i - \bar{y})^2} = \frac{\left\{\sum_{i=1}^{n}(\hat{y}_i - \bar{y})^2\right\}^2}{\sum_{i=1}^{n}(y_i - \bar{y})^2 \cdot \sum_{i=1}^{n}(\hat{y}_i - \bar{y})^2} = \frac{\left\{\sum_{i=1}^{n}(\hat{y}_i - \bar{y})(y_i - \bar{y})\right\}^2}{\sum_{i=1}^{n}(y_i - \bar{y})^2 \cdot \sum_{i=1}^{n}(\hat{y}_i - \bar{y})^2}$$

$$= \left[\frac{\sum_{i=1}^{n}(\hat{y}_i - \bar{y})(y_i - \bar{y})}{\sqrt{\sum_{i=1}^{n}(y_i - \bar{y})^2} \cdot \sqrt{\sum_{i=1}^{n}(\hat{y}_i - \bar{y})^2}}\right]^2$$

最後の式をみて分かるように決定係数 R^2 とデータ y_i と $\hat{y}_i$ の標本相関係数の二乗と一致していることが分かります．ここで，上段左から3番目の等号における分子の計算は以下の関係を利用しました．

$$\sum_{i=1}^{n}(\hat{y}_i - \bar{y})(\hat{y}_i - \bar{y}) = \sum_{i=1}^{n}(\hat{y}_i - \bar{y})(y_i - \hat{u}_i - \bar{y})$$

$$= \sum_{i=1}^{n}(\hat{y}_i - \bar{y})\left\{(y_i - \bar{y}) - \hat{u}_i\right\}$$

$$= \sum_{i=1}^{n}(\hat{y}_i - \bar{y})(y_i - \bar{y}) - \sum_{i=1}^{n}(\hat{y}_i - \bar{y})\hat{u}_i$$

$$= \sum_{i=1}^{n}(\hat{y}_i - \bar{y})(y_i - \bar{y})$$

決定係数というと，被説明変量のデータ y_i と説明変量のデータ x_i の標本相関係数の二乗と記憶している人もいるかもしれません．それは，最小二乗推定，または残差に正規分布を仮定した場合の最尤推定法によって，切片と傾きを推定した単回帰モデルに限り当てはまります．

単回帰モデルを仮定し，最小二乗法，または最尤推定法でもとめたパラメタの推定値 $\hat{\alpha}$ と $\hat{\beta}$ は，

$$\hat{y}_i = \hat{\alpha} + \hat{\beta} x_i$$
$$\bar{y} = \hat{\alpha} + \hat{\beta}\bar{x}$$

を満たします．ここで，$\hat{y}_i$ と $\bar{y}$ の偏差は，

$$\hat{y}_i - \bar{y} = (\hat{\alpha} + \hat{\beta} x_i) - (\hat{\alpha} + \hat{\beta}\bar{x})$$
$$= \hat{\beta}(x_i - \bar{x})$$

と計算できます．つまり，

$$\frac{\sum_{i=1}^{n}(\hat{y}_i - \bar{y})(y_i - \bar{y})}{\sqrt{\sum_{i=1}^{n}(y_i - \bar{y})^2} \cdot \sqrt{\sum_{i=1}^{n}(\hat{y}_i - \bar{y})^2}} = \frac{\sum_{i=1}^{n}\hat{\beta}(x_i - \bar{x})(y_i - \bar{y})}{\sqrt{\sum_{i=1}^{n}(y_i - \bar{y})^2} \cdot \sqrt{\sum_{i=1}^{n}\hat{\beta}^2(x_i - \bar{x})^2}}$$

$$= \frac{\hat{\beta}\sum_{i=1}^{n}(x_i - \bar{x})(y_i - \bar{y})}{\hat{\beta}\sqrt{\sum_{i=1}^{n}(y_i - \bar{y})^2} \cdot \sqrt{\sum_{i=1}^{n}(x_i - \bar{x})^2}} = \frac{\sum_{i=1}^{n}(x_i - \bar{x})(y_i - \bar{y})}{\sqrt{\sum_{i=1}^{n}(y_i - \bar{y})^2} \cdot \sqrt{\sum_{i=1}^{n}(x_i - \bar{x})^2}}$$

と計算できるため，

$$R^2 = \left\{ \frac{\sum_{i=1}^{n}(x_i - \bar{x})(y_i - \bar{y})}{\sqrt{\sum_{i=1}^{n}(y_i - \bar{y})^2} \cdot \sqrt{\sum_{i=1}^{n}(x_i - \bar{x})^2}} \right\}^2$$

と表すことができます．つまり，単回帰において決定係数を調べるという作業は，被説明変量の観測値 y_i と説明変量の観測値 $\hat{x}_i$ の標本相関係数の二乗を調べることと一致しています．ただし，標本相関係数は2組の標本に対して定義されているため，説明変量が2つ以上の回帰モデル（重回帰モデル）の場合ではこの議論は成立しません．また，単回帰モデルでも切片を考えない $y_i = \beta x_i + u_i$ の場合の決定係数は，y_i と x_i の標本相関係数の二乗にはなりません．

　以上のように，通常，線形回帰モデルなどの統計モデルによる説明力は，データ全体の変動の大きさである全変動に対して，統計モデルによる変動がどの程度の割合を占めているかで判断します．著者らのなじみが深い金融の分野などでは，決定係数が非常に小さいモデルをそのまま使っている実例を見かけますが，それは残差部分，つまりノイズが現象の大半を説明するということになり，推定したモデル自体はほとんど役に立たないということを意味しています．

コラム：非線形回帰モデルのフィッティング

　この章では $y = f(x) + \varepsilon$ の f が線形関数になっている線形回帰モデルのみを詳しく取り扱ってきましたが，実務では非線形関数 f をデータに当てはめる必要が出てくることもあります．その場合は，Rの非線形回帰用の関数 nls を使ってフィッティングしてもよいですが，実はこの書籍で扱っている最小二乗法を使えば事足りるケースが相当数あります．

　たとえば，多項式 $y = \alpha + \beta_1 x + \beta_2 x^2$ の場合であれば，x に対応するデータを二乗することで x^2 のデータが作れますから，(y_i, x_i, x_i^2) とい

う組のデータを作ることで最小二乗法が適用できます．また，指数関数 $y = \exp(\gamma x)$ のような加法になっていない場合でも，両辺の対数をとることで $\log y = \gamma x$ と変形できるので，$(\log y_i, x_i)$ という組のデータを用意すれば，これも最小二乗法でフィッティングが可能です．非線形関数の回帰を実行する場合は，すぐに高度な非線形用の関数を使うのではなく，最小二乗法でフィッティングできないかよく検討してみましょう．

CHAPTER 2.5 回帰モデルの限界 〜分類への応用〜

本節では教師付き分類の例として，企業の投資格付けデータを取り上げます．ある企業が投資に適格であるか，または十分な信用力を有しているかは，投資家にとって非常に重要な情報です．株式会社格付投資情報センター（R&I），株式会社日本格付研究所（JCR）をはじめとした格付機関は，独自に企業の信用力を調査し，格付を付与しており，投資家はその格付情報を利用しています．実際の格付は細かい分類がなされていますが，本節では簡単のため，企業の信用力を「信用力が十分である」または「信用力が十分でない」の2値に簡略化して考えていきます[*11]．

上場企業であれば，あらかじめ定められたガイドラインに基づき，自身の財務情報や決算情報を公表します．財務情報とは，その企業が，負債，資産などをどの程度有しているかなどを記したものであり，決算情報とは，企業の売り上げや利益がどの程度であるかを記したものです．

[*11] 金融実務の世界でもBBB格以上を投資適格，BB格以下を投機的格付けと呼び，2値に分類しています．

ここでは，企業が発表する財務・決算情報の内，企業の保有する資産，負債などの情報をもとに作成した指標にもとづき，当該企業に信用力があるか否かについて分類する問題を考えていきましょう．

専門家も，公表された財務・決算情報などをもとにして，その企業の信用力を測っています．もし公表されている財務・決算情報をもとに，その企業の信用力を判断する仕組みをコンピュータに学習させることができれば，企業の信用力の自動診断ができるようになります．

これまでに，企業の信用力を測るための指標については様々な研究がなされていますが，ここでは次の2つの指標，企業が有する総資産に対する負債の割合を示す安全性指標と，比較的自由に移動できる資産である現金・預金の割合を示した流動性指標を採用します．

指標名	構成法
安全性指標	総負債÷総資産
流動性指標	現金・預金÷総資産

表2.1 財務データで作成する2つの指標

本書では，いくつかの企業について，発表された財務・決算情報をもとにした指標を作成することに加え，教師データとして，その企業の信用力が十分である場合には1，そうでない場合には0を割り当てたデータを作成し，RのオブジェクトDataとして用意しました．

R上でオブジェクトの中身を表示するには，オブジェクト名をそのままR console上に入力し最後にエンターキーを押します．ここではオブジェクト名であるDataを入力してみましょう．

```
> Data
  Status    安全性      流動性
1      1 0.2690395 0.20507927
2      1 0.6316404 0.07903855
3      1 0.4407282 0.10157981
4      1 0.3105586 0.07752313
5      1 0.4076202 0.13408919
:
```

```
:
83       0 0.5219878 0.31621894
84       0 0.7187881 0.12123620
85       0 0.8376152 0.10422372
86       0 0.7148737 0.06282807
87       0 0.8307221 0.12409249
```

確かにデータの中身が表示されました．このデータに関するオブジェクトはデータフレームと呼ばれ，その概要を調べるためのコマンドがいくつか用意されています．

```
> dim(Data)
[1] 87 3
> names(Data)
[1] "Status" "安全性" "流動性"
> table (Data $Status)

 0  1
23 64
```

関数 **dim** はデータの行数と列数を返します．Data は 87 行，3 列からなることが分かります．関数 **names** は列名を返します．このオブジェクト Data は，Status, 安全性，流動性の 3 つの列から構成されており，企業の信用力は Status として収録されています．関数 table は度数表を作ります．引数に Data$Status という記述がありますが，これは Data オブジェクトの Status という列を指定しています．つまり，Status には "1" が割り当てられている信用力が十分である企業が 64，"0" が割り当てられている信用力が十分でない企業が 23 含まれています．

それでは企業の信用力について，これまでに取り上げた線形回帰モデルを利用して分類する方法を考えてみましょう．

はじめに単回帰モデルを利用し，0 と 1 の，2 つの値しか取らない被説明変数 Y を，安全性指標のみで説明してみましょう．

単回帰モデルを当てはめるには，R cosole に対して次のように入力し

てください．

```
> lm(Status ~ Data[,2], data=Data)
```

　なお，R上でタイプした場合には，当てはめた単回帰モデルの結果が出力されますが，ここではコマンドの説明をするために結果については省いています．関数 lm の引数 data にオブジェクト Data を指定しているため，被説明変量は Data$Status とせずに，Data に格納されている列名 Status とするだけで指定できます．説明変量は Data の2列目に格納されている安全性指標を指定するため，Data[,2] としています．つまり単回帰モデルとして

$$\text{Status} = \alpha + \beta \times 安全性 + \varepsilon$$

の当てはめを指示していることになります．

　関数 lm などを用いた際のモデルの推定結果は R のオブジェクトに代入して保存しておくと，後々の操作がしやすくなります．ここではオブジェクト result.lm1 に代入しておきましょう．

```
> result.lm1=lm(Status ~ Data[,2], data=Data)
```

　代入した結果を確認したい場合には，単にオブジェクト名 result.lm1 とタイプして Enter キーを押します．

```
> result.lm1

Call:
lm(formula = Status ~ Data[, 2], data = Data)

Coefficients:
(Intercept)  Data[, 2]
     1.541     -1.555
```

2.5 回帰モデルの限界〜分類への応用〜

上記の出力について説明しましょう．Call: には入力したコマンドが表示されます．Coefficients: では，単回帰モデルのパラメタの推定値が表示されています．切片項のパラメタ α は (Intercept) に，説明変数である安全性指標の係数 β は Data[,2] に記載されており，それぞれの推定値は 1.541，-1.555 となっています．

単回帰モデルの当てはめ結果について，さらに詳しい情報を確認するには，関数 summary を利用します．

```
> summary(result.lm1)

Call:
lm(formula = Status ~ Data[, 2], data = Data)

Residuals:
     Min       1Q   Median       3Q      Max
-0.76604 -0.23141  0.04443  0.20322  0.56240

Coefficients:
            Estimate Std. Error t value Pr(>|t|)
(Intercept)  1.54148    0.09288  16.596  < 2e-16 ***
Data[, 2]   -1.55501    0.16704  -9.309 1.28e-14 ***
---
Signif. codes:  0 '***' 0.001 '**' 0.01 '*' 0.05 '.' 0.1 ' ' 1

Residual standard error: 0.314 on 85 degrees of freedom
Multiple R-squared:  0.5048,    Adjusted R-squared:  0.499
F-statistic: 86.66 on 1 and 85 DF,  p-value: 1.279e-14
```

被説明変量は各企業の分類情報が格納された Status でありオブジェクト Data の1列目に格納されています．説明変数として Data の2列目に格納されている安全性を採用したモデル式を当てはめた結果は

$$\text{Status} = 1.54148 - 1.55501 \times 安全性 + \varepsilon \tag{2.16}$$

となり，決定係数は 0.5048 となっています．

それでは，得られたモデル式を用いて予測値を計算します．言い換えれば，説明変数である安全性指標だけで，どの程度正確に企業の信用力

を診断できているかを確認します．

まず，モデルの推定結果に基づいた予測値を計算するには，関数 predict を利用します．

```
predict(分析結果が格納されたオブジェクト名)
```

それでは，result.lm1 を指定して，単回帰モデルの当てはめ結果を用いた Status の予測値を確認してみましょう

```
> predict(result.lm1)
         1          2          3          4          5          6
1.12311763 0.55927025 0.85614026 1.05855516 0.90762356 0.94362785
         :
         :
        85         86         87
0.23897768 0.42984169 0.24969657
```

Status の予測値は 0，1 の値ではなく実数値になります．そこで，今回は小数点第 1 位を四捨五入した値を予測値として採用しましょう．つまり，予測値が 0.5 以上であれば信用力が十分な企業，0.5 未満であれば信用力が不十分な企業とみなすことに相当します．R 上で四捨五入を実行するには，関数 **round** を利用します．

```
round(対象とするオブジェクト名, digits=0)
```

引数 digits は，有効桁数を指示する引数であり，小数点第 1 位を四捨五入して整数値を得る場合には digits=0 とし，小数点第 2 位を四捨五入して小数点第 1 位までの値を得る場合には digits=1 と指定します．また，digits= を省略した場合には，digits=0 が指定されます．それでは，単回帰モデルを当てはめた結果を用いた予測値の小数点第 1 位を四捨五入してみましょう．

2.5 回帰モデルの限界〜分類への応用〜

```
> round(predict(result.lm1),0)
 1  2  3  4  5  6  7  8  9 10 11 12 13
 1  1  1  1  1  1  1  1  1  1  1  1  0
 :
 :
79 80 81 82 83 84 85 86 87
 0  0  0  1  1  0  0  0  0
```

これで，単回帰モデルによる予測値を教師データのように 0 と 1 の値に変換することができました．それでは，教師データである Status と比較して単回帰モデルを利用した判断の精度を確認するために，クロス表を作成してみましょう．クロス表の作成には関数 table を用います．なお，Status はオブジェクト Data の 1 列目に格納されているので，次のように入力すれば目的のクロス表が得られます．

```
> table(x=round(predict(result.lm1),0),y=Data[,1])
   y
x    0  1
  0 20  3
  1  3 61
```

クロス表の x には予測値の小数点第 1 位を四捨五入した値，y には教師データの値が示されています．教師データより，本来ならば信用力が十分である 64 企業のうち，誤って不十分と判断された企業が 3 あります．一方で，本来は信用力が不十分である 23 企業のうち，誤って信用力が十分であると判断されたものが 3 あります．この結果，全体で 87 企業のうち，誤って判断された企業が 6 であるため，誤って判断する割合は 6.90% となりました．

最後に単回帰モデルの当てはめ結果による直線を観察し，単回帰モデルの当てはまり具合を視覚的に確認してみましょう．

```
> plot(x=Data[,3], y=Data[,1],
+      xlab=names(Data)[3], ylab=names(Data)[1])
```

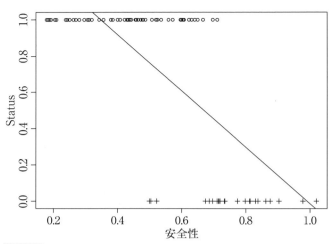

図2.11 安全性のみを用いた単回帰直線のあてはめ結果

```
> abline(coef(result.lm))
```

　図2.11は，横軸に安全性，縦軸にStatusをプロットし，単回帰モデルの当てはめ結果の直線を重ねて描いたものです．

　被説明変数であるStatusは0か1の値しかとらないため，図の上側（1の水準）と下側（0の水準）の2層に分かれており，**安全性**の値が大きいほどにStatusが0のものが多くなるような傾向が観察されます[*12]．

　図2.12は，回帰直線上に銘柄をマッピングしたもの，つまり得られた回帰モデル（2.16）に各銘柄の安全性の値を代入して得られる予測値をプロットしたものです．また，今回は予測値が0.5以上であれば信用力が十分な銘柄，0.5未満であれば不十分な銘柄と判断しているため，高さ0.5に水準線を引きました．本来は信用力が十分な銘柄であるにも

[*12] 安全性指標は，総資産に対する負債の割合であるため，値が大きいほど負債の割合が大きくなっています．

2.5 回帰モデルの限界〜分類への応用〜

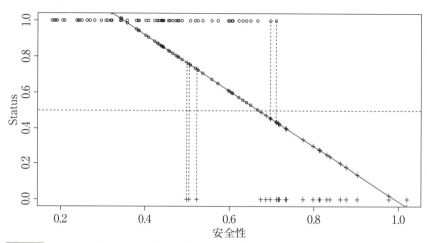

図2.12 安全性のみを用いた単回帰直線のあてはめ結果：回帰直線上にマッピング

かかわらず，予測値が0.5を下回り不十分な銘柄であると判断されてしまう3銘柄，本来は信用力が不十分な銘柄であるにもかかわらず，予測値が0.5を上回り十分な銘柄であると判断されてしまう3銘柄に対して垂線を下しています．当てはめ結果や図を見る限り，単回帰モデルの推定もそれほど悪くないように見えます．

続いて，説明変量を増やしてみましょう．今回は2つの指標を利用しているため，それぞれのデータをx_{i1}, x_{i2}[*13]とすると，線形回帰モデルは

$$y_i = \beta_0 + \beta_1 x_{i1} + \beta_2 x_{i2} + \varepsilon_i$$

と表現できます．ここで，観測数をnとし，次のようなベクトル表現,

[*13] 添え字の意味は，ある行列のi行j列の要素をx_{ij}と書くことに由来．

$$\boldsymbol{y} = \begin{pmatrix} y_1 \\ y_2 \\ \vdots \\ y_n \end{pmatrix}, \quad \boldsymbol{x}_i = \begin{pmatrix} x_{i1} \\ x_{i2} \\ \vdots \\ x_{in} \end{pmatrix}, \quad \boldsymbol{\varepsilon} = \begin{pmatrix} \varepsilon_1 \\ \varepsilon_2 \\ \vdots \\ \varepsilon_n \end{pmatrix}, \quad \boldsymbol{1} = \begin{pmatrix} 1 \\ 1 \\ \vdots \\ 1 \end{pmatrix}$$

を用いれば,先の線形モデルは

$$\boldsymbol{y} = \beta_0 \boldsymbol{1} + \beta_1 \boldsymbol{x}_1 + \beta_2 \boldsymbol{x}_2 + \boldsymbol{\varepsilon} \tag{2.17}$$

と表現できます.さらに,係数ベクトル $\boldsymbol{\beta} = (\beta_0, \beta_1, \beta_2)^T$ と説明変量の行列表現 $X = (\boldsymbol{1}, \boldsymbol{x}_1, \boldsymbol{x}_2)$ を利用すると

$$\boldsymbol{y} = X\boldsymbol{\beta} + \boldsymbol{\varepsilon} \tag{2.18}$$

と書き換えることができます.上記のモデル式(2.17)と(2.18)はまったく等しいものですが,状況に応じて使い分けられるため,いずれの表現形式でも理解できるようにしておくとよいでしょう.

さて,被説明変量 Status を,2つの指標:安全性,流動性で説明する線形回帰モデルを考えます.Rでの入出力の結果を以下に記しました.

```
> result.lm=lm(Status~. , data=Data)
> summary(result.lm)

Call:
lm(formula = Status ~ ., data = Data)

Residuals:
     Min      1Q   Median      3Q     Max
-0.76475 -0.20511  0.04818  0.17459 0.55058

Coefficients:
            Estimate Std. Error t value Pr(>|t|)
(Intercept)   1.7946     0.1058  16.965  < 2e-16 ***
安全性        -1.6850     0.1570 -10.736  < 2e-16 ***
流動性        -1.4879     0.3667  -4.058  0.00011 ***
---
Signif. codes:  0 '***' 0.001 '**' 0.01 '*' 0.05 '.' 0.1 ' ' 1
```

```
Residual standard error: 0.2888 on 84 degrees of freedom
Multiple R-squared:  0.586,     Adjusted R-squared:  0.5761
F-statistic: 59.45 on 2 and 84 DF,  p-value: < 2.2e-16
```

関数 lm 内でのモデル式の指定では，引数 data に対しオブジェクト Data を与えています．こうすることで，オブジェクト Data の列名のみでモデルを指定することが可能となります．具体的には ~ の左辺で Status という名称で被説明変数を指定しています．また，~ の次に打った．（ピリオド）は，被説明変数である Status 以外の Data の列をすべて説明変数として採用することを指示しています．

R によって得られた線形回帰モデルの当てはめ結果は，

$$\text{Status} = 1.7946 - 1.6850 \times 安全性 - 1.4879 \times 流動性 + \varepsilon$$

となりました．ここで関数 summary による出力の最下段にある F-statistic は **F 検定**の結果を示しています．この F 検定の帰無仮説は「回帰係数がすべて 0」[*14]です．p 値が非常に低く，例えば有意水準を 1% としても帰無仮説が棄却されるため，このモデルは意味があると判断できます．この当てはめで得られた決定係数は 0.586 となり，先の単回帰モデルのときの約 0.505 よりも上昇しています．決定係数の変化を見る限りモデルの当てはまりは上昇したと思うかもしれませんが，モデルの比較をする際は単純に決定係数を使ってはいけません．というのも，説明変数の数を増やすと決定係数は単調増加しますので，比較の意味を成さないからです．決定係数の代わりの指標としては通常，自由度調整済み決定係数が用いられます．これは説明変数が増えるとその分のペナルティが課されるように調整がなされた決定係数です．R では

[*14] すべての回帰係数が 0 ということは，安全性，流動性にかかる係数がともに 0 であるということを指しています．つまり，Status の説明に何ら寄与しておらず，回帰モデルとして意味がないことを指しています．

Adjusted R-squared として表示されます．単回帰モデルの自由度調整済み決定係数は 0.499 でしたが，今回の線形モデルのそれは 0.5761 となっておりますので説明力は向上しているといえるでしょう．

続いて，線形回帰モデルにもとづいた予測値と教師データのクロス表を作成してみましょう．

```
> table(x=round(predict(result.lm),0),y=Data[,1])
   y
x    0  1
  0 20  2
  1  3 62
```

なるほど，先ほどの単回帰モデルよりも説明力が向上したこともあり，本来ならば信用力のある 64 企業のうち，誤って信用力が不十分と判断してしまった企業数が 2 に減っており，判断を誤った比率は 5.75% と小さくなっています．

ここまでの結果を踏まえれば，線形回帰モデルであっても教師付き分類を十分に扱えているように見えます．しかしながら，予測値の取りうる値には問題が発生しています．それを確認していきましょう．

はじめに教師データの分類をもとにした**箱ひげ図**を描いてみます．

```
> boxplot(split(predict(result.lm),Data[,1]),col=grey(0.8))
> abline(h=0.5,lty=3)
```

ここで，関数 split はあるオブジェクトを指定したグルーピング法にしたがって分けるために利用します．

```
split(オブジェクト, グルーピング法)
```

今回は，線形モデルの結果にもとづく予測値 predict(result.lm) について，ラベルデータである Data の第 1 列目，つまり Status で分けています．関数 split で分けたデータを関数 boxplot に与えると，

2.5 回帰モデルの限界〜分類への応用〜

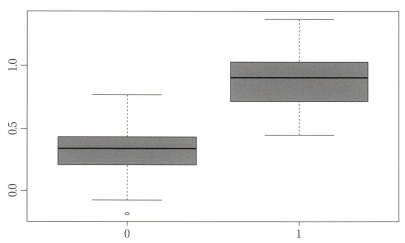

図 2.13 教師データで分類した線形モデルの予測値の箱ひげ図

グループごとの箱ひげ図を描きます．箱ひげ図はデータの分布を一目で理解するための道具です．箱の中央線が中央値，箱の上端が第3四分位，箱の下端が第1四分位になります．箱から上下に少し離れた2つの水平線は信頼できる値の上端と下端を示し，それよりも外にある値は外れ値になります[*15]．

左側の箱ひげ図は信用力が不十分だと予測された企業が属するグループ（グループ0）の予測値の分布，右側の箱ひげ図は信用力が十分だと予測された企業が属するグループ（グループ1）の予測値の分布を示します．グループ0に属している点の値の範囲が0を下回っており，グループ1に属している点が1を上回ってしまっていることが容易に分かります．視覚的な確認だけでなく，具体的な数値を確認するため，予測値の最小値，最大値，分位点を確認してみましょう．数値ベクトルのオブジェクトに関数 summary を適用させると，最小値，第1四分位，中央値，

[*15] 信頼できる区間については，用いるソフトウェアによって計算の方法が異なります．

平均値，第 3 四分位，最大値を表示します．

```
> summary(predict(result.lm))
   Min. 1st Qu.  Median    Mean 3rd Qu.    Max.
-0.1847  0.5090  0.8233  0.7356  0.9724  1.3650
```

　予測値の最小値は−0.1847 と負の値をとっており，最大値は 1.3650 と 1 を超えていることが分かります．0.5 を基準にその上下で信用力が十分か否かを判定すれば，無理やり判定できないことはありません．しかしながら，定義域が正の値になっているにもかかわらず負の予測値が出たり，離散値データにもかかわらずそもそも予測値として解釈できない実数値が出てくるのはやはり釈然としません．ましてや，直線に乗るような傾向を示していないデータに直線を当てはめているのですから，得られた回帰直線の解釈は困難を極めます．

　一般に線形回帰モデルでは，被説明変量が離散値をとる，または，連続値であっても一部の区間の値しかとらない場合については，モデルがデータをうまく説明できないことが分かっています．ですから，被説明変量が離散値をとる教師付の分類はうまくいかないのは当然です．そこで以降の章では，教師付の分類の問題を解決するための機械学習の手法について解説していきます．

CHAPTER 3

境界による分類

第 2.5 節に引き続き，企業の安全性と流動性の指標を用いて，信用力がある企業グループとそうでないグループの 2 つのグループに分類する問題を例としてとりあげます．図 3.1 では，横軸に安全性指標，縦軸に流動性指標をとり，各企業について信用力のある企業ならば ○，そうでない企業ならば + でプロットしたものです．安全性と流動性の 2 つの指標で企業を分類する作業は，図 3.1 に何らかの方法で境界を引き，2 つのグループに分けることを指します．本章では，この境界を用いた分類を行う代表的な 2 つの手法である，線形判別分析とサポートベクターマシンを取り上げていきます．

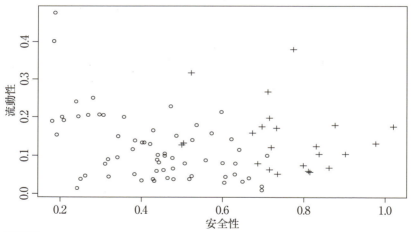

図 3.1 2 グループの散布図：○ は投資適格銘柄，+ は不適格銘柄を示している

CHAPTER 3.1　線形判別分析

3.1.1　平面を分割する

　線形判別分析は，空間上にある点を境界を用いて 2 つのグループに分

類する手法です．今回扱っている問題は2つの指標による分類ですので，ここでは xy 平面上の点を分類する問題に相当します．図3.2 の左図では，xy 平面上に○と▲がそれぞれ5つずつプロットされています．この10個の点を1本の直線によって，○と▲だけからなる2つのグループに分類する問題を考えます．いま，○と▲を分類するためには，x 軸に射影をし，それぞれの垂線の足を確認すると，x 軸の左側に○，右側に▲が集まっていることが分かります．つまり，この2つのグループは鉛直線（y 軸に平行な直線）を引くことによって分類できます．

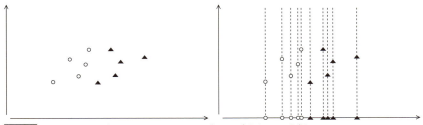

図3.2 xy 平面上にプロットされた2つのグループ○と▲の分類1

次に，図3.3を見てみましょう．こちらも左図に xy 平面上に○と▲がそれぞれ5つずつプロットされています．今度も x 軸に鉛直線を引くことでうまく2つのグループに分類できるでしょうか．各点の x 軸への射影を考えてみると○と▲がまじりあっている部分ができてしまうので，明らかに鉛直線では2つのグループに分けられません．

そこで，考え方を変えてみて，y 軸への射影を考えてみましょう．つ

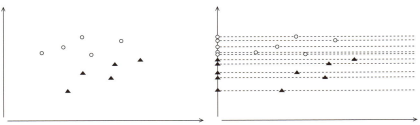

図3.3 xy 平面上にプロットされた2つのグループ○と▲の分類2

まり，y 軸へおろした垂線の足で考えてみると，上側に○，下側に▲が集まり，○と▲が混じりあわないことが分かります．したがって，水平線（x 軸に平行な直線）で2つのグループに分類ができることが分かりました．

続いて，少し複雑な例を採り上げましょう．

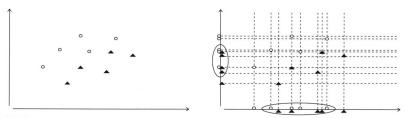

図 3.4　xy 平面上にプロットされた2つのグループ○と▲の分類3

図 3.4 の左図は，xy 平面上に 10 の点があり，それぞれ2つのグループ○と▲に属している様子を表しています．先ほどの2つの例のように，x 軸への射影，y 軸への射影をそれぞれ考えてみても，どちらも2つのグループの点が混じり合ってしまい，正しく分類することができません．図 3.4 の右図の通り，x 軸，y 軸，それぞれに下した垂線の足を確認しても，楕円で囲んだ部分で○と▲が入り混じっており，いずれの軸上でも2つのグループを分けることができないことが分かります．

今度は軸に平行な線を使うことをあきらめ，2つのグループを分割できるような別の境界を与えることを考えましょう．図 3.5 では，2つのグループに分割できるような境界となる直線，つまり境界線が引かれています．境界線と直交している直線に下した垂線の足を確認すると，2つのグループに分類されていることが分かります．

これまでの例から，2つのグループにそれぞれ属する点をある境界線で分類できるということは，ある直線に対して各点から垂線を下し，その垂線の足が2つのグループに分類できることに等しいことが分かります．このアイデアを活用した方法が線形判別分析です．

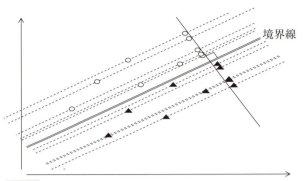

図 3.5 xy 平面上にプロットされた 2 つのグループを分割する

　線形判別分析では境界線を直接求めません．その代わりに，各点から下ろした垂線の足が分類可能となる直線を見つけます．もし 2 つのグループをうまく分類できる境界線を見つけたとしても，平行移動した場合には分類ができなくなってしまいますが，各点から下した垂線の足によって分類が可能となる直線は，直線を平行移動しても依然として分類が可能な直線に変わりありません．平行移動できるということは，その直線の傾きのみを調べればよいことになります．一方で，境界線のように平行移動が許されないものは，直線を固定する必要がありますから，傾きに加えて直線が通る 1 点も同時に求めなければならず，計算量も増えてしまいます．

　図 3.6 の左図では，○と▲のいずれかに属する無数の点がプロットされており，それらをうまく分類できる直線を右上に引いています．その直線上に下した垂線の足を直線の周りに描いています．この関係を用いて，右図に示したように○と▲の散らばり具合をみて，2 つのグループに分けられるところが求めたい分類の境界になります．

　もちろん，2 つのグループにうまく分類できる場合ばかりではありません．図 3.7 の左図では，○と▲が一部で混じり合っており，できる限り分類を可能とする直線を考えてみても，完全に分離することが難しい状態になっています．

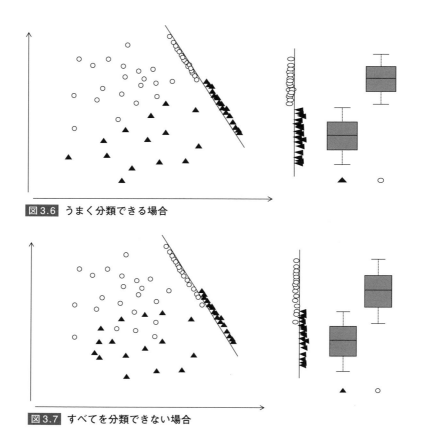

図3.6 うまく分類できる場合

図3.7 すべてを分類できない場合

　線形判別分析は分類を可能とする直線を求める手法であると紹介しました．しかし，実用上の目的は，境界線を求めることにあるため図3.7の右図のように，できる限り分類できている直線上にプロットされた○と▲について，両者を分類する境界を定めることが必要になります．もちろん，どこで境界を引いても，完全に分類できるわけではないため，何らかの決め事によって境界を引くことになります．

　簡単にまとめますと，線形判別分析では xy 平面上にプロットした点を，境界となる直線を引くことによって2つのグループに分類します．ただし，境界を直接求めずによく分類できるような直線，つまり境界と

直交するような直線を求めることで計算を減らす工夫がなされています．

3.1.2　判別分析を実現する仕組み

本節では，xy 平面上にプロットされた 2 グループのそれぞれに属する点を分類する線形判別分析の仕組みについて説明します．

各データは xy 平面上の点として表せるため，(x_i, y_i) と表せます．全てのデータ数を n とし，第 1 グループに属するデータを $i = 1, 2, \cdots, n_1$，第 2 グループを $i = n_1+1, n_1+2, \cdots, n_1+n_2$ とします．なお，第 1 グループに属するデータ数は n_1，第 2 グループに属するデータ数は n_2 であり，$n = n_1 + n_2$ です．

はじめに，データ x_i と y_i ともに，標本平均が 0，標本分散が 1 となるようにデータを基準化しておきます．具体的には，

$$x_i^* = \frac{x_i - \bar{x}}{\sigma_x}, \quad y_i^* = \frac{y_i - \bar{y}}{\sigma_y}$$

とします．ただし，$\bar{x} = \frac{1}{n}\sum_{i=1}^{n} x_i$，$\bar{y} = \frac{1}{n}\sum_{i=1}^{n} y_i$ であり，$\sigma_x^2 = \frac{1}{n}\sum_{i=1}^{n}(x_i - \bar{x})^2$，$\sigma_y^2 = \frac{1}{n}\sum_{i=1}^{n}(y_i - \bar{y})^2$ としています．以降では，基準化した x_i^*, y_i^* について，x_i, y_i と表記しなおします．

いま，それぞれのグループに属するデータについて共通の定数 a, b を用いて次のように表しましょう．第 1 グループに属する各データ ($i = 1, 2, \cdots, n_1$) について，

$$z_i = ax_i + by_i$$

とおき，第 2 グループに属する各データ ($j = 1, 2, \cdots, n_2$) について，

$$w_j = ax_j + by_j$$

とします．他方，グループに関係なく，$k = 1, 2, \cdots, n_1, n_1+1, n_1+2, \cdots, n_1+n_2$ に対して

$$t_k = ax_k + by_k$$

を導入すると,

$$\begin{cases} t_k = z_k & \text{第1グループに属するとき } (k=1, 2, \cdots n_1) \\ t_k = w_k & \text{第2グループに属するとき } (k=n_1+1, n_1+2, \cdots n_1+n_2) \end{cases}$$

とすることができます.ここで,導入した t_k についてのイメージを図 3.8 に示しました.xy 平面上にプロットされたデータ (x_k, y_k) について,第 1 グループに属するデータを▲,第 2 グループに属するデータを○とします.ここで,t_k は傾き $-b/a$ で点 (x_k, y_k) を通る直線の y 切片になってます.

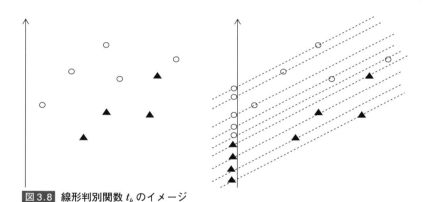

図3.8 線形判別関数 t_k のイメージ

a, b がうまく定まれば,あるデータがどちらのグループに属するかは,t_k の大きさで判別することができます.t_k を与える線形関数は**線形判別関数**と呼ばれます.線形判別関数 t_k をうまく定めるということは,傾きを決める a, b を求めることであり,前節で説明した,うまく分類できるような直線の傾きを求めることに一致しています.

それでは実際に線形判別関数を計算してみたいと思います.これまでの説明をより一般化すると,線形判別関数の計算の指針は,z_i のグループと w_i のグループのそれぞれの中心が,グループを考慮しない t_k の中

心を基準にしてなるべく離れるように a, b を定めることにあります．ただし，a, b はうまく動かせば，z_i と w_i の中心はいくらでも離れてしまうので，グループを考慮しない t_k のばらつきを，なるべく小さくするという制約を設けます．

いま，x_k も y_k も基準化しているため，

$$\bar{t} = \frac{1}{n}\sum_{k=1}^{n} t_k = \frac{1}{n}\sum_{k=1}^{n}(ax_k + by_k) = 0$$

と計算できます．したがって，t_k の標本分散 σ_t^2 は次のように計算できます．

$$\sigma_t^2 = \frac{1}{n}\sum_{k=1}^{n}(t_k - \bar{t})^2 = \frac{1}{n}\sum_{k=1}^{n} t_k^2 = \frac{1}{n}\sum_{k=1}^{n}(ax_k + by_k)^2$$
$$= a^2 \frac{1}{n}\sum_{k=1}^{n} x_k^2 + 2ab\frac{1}{n}\sum_{k=1}^{n} x_k y_k + b^2 \frac{1}{n}\sum_{k=1}^{n} y_k^2$$
$$= a^2 + 2ab\rho + b^2$$

これは，x_k も y_k も基準化しているため，

$$\frac{1}{n}\sum_{k=1}^{n} x_k = \frac{1}{n}\sum_{k=1}^{n} y_k = 0, \quad \frac{1}{n}\sum_{k=1}^{n} x_k^2 = \frac{1}{n}\sum_{k=1}^{n} y_k^2 = 1$$

となり，相関係数が $\rho = \frac{1}{n}\sum_{k=1}^{n} x_k y_k$ と計算できることによります．

今度は各グループの標本平均を求め，データ全体の標本平均である $\bar{t}$ からどの程度ずれているかを考えましょう．まず，各グループの中心を次のように定義しましょう．

第 1 グループの中心 $= \bar{z} = \frac{1}{n_1}\sum_{i=1}^{n_1} z_i = \frac{1}{n_1}\sum_{i=1}^{n_1}(ax_i + by_i) = a\bar{x}_1 + b\bar{y}_1$

第 2 グループの中心 $= \bar{w} = \frac{1}{n_2}\sum_{j=1}^{n_2} w_j = \frac{1}{n_2}\sum_{j=1}^{n_2}(ax_j + by_j) = a\bar{x}_2 + b\bar{y}_2$

この $\bar{z}$ と $\bar{w}$ を用いれば，

$$\bar{t} = \frac{1}{n}\sum_{k=1}^{n}(ax_k + by_k) = \frac{1}{n}\left\{\sum_{k=1}^{n_1}(ax_k + by_k) + \sum_{k=n_1+1}^{n_1+n_2}(ax_k + by_k)\right\}$$
$$= \frac{1}{n}(n_1\bar{z} + n_2\bar{w})$$

と計算できます．また，グループ間の中心同士の差について，x方向とy方向のそれぞれについて

$$d_x = \bar{x}_1 - \bar{x}_2$$
$$d_y = \bar{y}_1 - \bar{y}_2$$

とおきましょう．

次に各グループの代表値である中心の値 $\bar{z}$ と $\bar{w}$ のそれぞれが，全体の中心 $\bar{t}$ からどの程度離れているかを考えます．このような考え方を**外分散**と呼びます．外分散 σ_G^2 は次のように計算できます．

$$\sigma_G^2 = \frac{n_1}{n}(\bar{z}-\bar{t})^2 + \frac{n_2}{n}(\bar{w}-\bar{t})^2$$
$$= \frac{n_1}{n}\left(\bar{z} - \frac{n_1\bar{z}+n_2\bar{w}}{n}\right)^2 + \frac{n_2}{n}\left(\bar{w} - \frac{n_1\bar{z}+n_2\bar{w}}{n}\right)^2$$
$$= \frac{n_1}{n}\left(\frac{n_2\bar{z}-n_2\bar{w}}{n}\right)^2 + \frac{n_2}{n}\left(\frac{-n_1\bar{z}+n_1\bar{w}}{n}\right)^2$$
$$= \frac{n_1 n_2^2}{n^3}(\bar{z}-\bar{w})^2 + \frac{n_1^2 n_2}{n^3}(\bar{z}-\bar{w})^2$$
$$= \frac{n_1 n_2 (n_1+n_2)}{n^3}\{(a\bar{x}_1+b\bar{y}_1)-(a\bar{x}_2+b\bar{y}_2)\}^2$$
$$= \frac{n_1 n_2 (n)}{n^3}\{(a\bar{x}_1-a\bar{x}_2)+(b\bar{y}_1-b\bar{y}_2)\}^2$$
$$= \frac{n_1 n_2}{n^2}(ad_x - bd_y)^2$$

3.1 線形判別分析

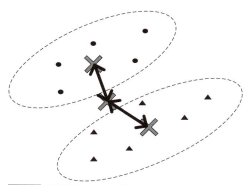

図3.9 外分散のイメージ

2つのグループをうまく分類するために，各グループ間の中心の距離を大きくするという考え方は問題ないのですが，両者の距離を最大にするような線形判別関数 $t_k = ax_k + by_k$ の a と b を求めるという方法では，両者を定数倍で大きくすればするほど両者の距離が大きくなっているように見えてしまいます．そこで，外分散 σ_G^2 とデータ全体の標本分散 σ_t^2 の比が大きくなるような a と b を求めます．つまり

$$\frac{\sigma_G^2}{\sigma_t^2} = \frac{n_1 n_2}{n^2} \frac{(ad_x - bd_y)^2}{a^2 + 2ab\rho + b^2}$$

を最大にするような a と b を求めことを考えます．このように比の最大化を考えることは，定数倍による問題の回避はもちろんのこと，全体の分散をなるべく小さくしつつ外分散を大きくするという線形判別関数の計算の指針を満たすことになります．

ただし，判別分析ではそれぞれのグループの代表値を用いて分類問題を解くため，グループの中にグループの中心（標本平均）を大きくずらしてしまうような外れ値が存在した場合には，うまく分類できない場合があるので注意してください．

3.1.3　Rによる線形判別分析

それでは，実際のデータを用いて，Rで線形判別分析による分類を行っていきましょう．

Rで線形判別分析を行う関数 **lda** を利用するためには，パッケージ MASS が必要です．関数 **library** でパッケージを読み込みましょう．

```
> library(MASS)
```

関数 lda は，先ほど利用した線形回帰分析を行う関数 lm と同様に，引数 data にオブジェクト Data を与えると，オブジェクト Data に格納されているオブジェクトを名前で指定できるようになります．今回は教師データとして Status を利用し，教師データ以外のすべてのデータベクトルを学習データとするため，モデル式は，〜の右側には．（ピリオド）を入力しましょう．

それでは，線形判別分析の結果を result.lda に代入し，分析結果を確認してみましょう．

```
> result.lda=lda(Status~.,data=Data)
> result.lda
Call:
lda(Status ~ ., data = Data)

Prior probabilities of groups:
        0         1
0.2643678 0.7356322

Group means:
     安全性     流動性
0 0.7570454 0.1441246
1 0.4323989 0.1179445

Coefficients of linear discriminants:
             LD1
安全性 -7.667745
流動性 -6.770989
```

Prior probabilities of groups では，教師データがそれぞれのグループに属している割合を示しています．今回は，信用力がない企業（グループ0）が23，信用力がある企業（グループ1）が64の合わせて87の企業を対象としています．そのため，グループ0の割合は $\frac{23}{87} = 0.2643678$ であり，グループ1の割合は $\frac{64}{87} = 0.7356322$ となっています．特に，境界の引き方について指定をしない場合，lda を用いた線形判別分析では，この教師データがそれぞれのグループに属している割合を用いて分類の境界を引きます．また，分類を可能とする直線の方向は LD1 にベクトル形式で表示されています．今回は，方向ベクトルとして $(-7.667745, -6.770989)$ であり，直線 $y = ax + b$ の形であれば，傾きは $-6.770989 / -7.667745 ≒ 0.883$ となります．

今回の線形判別分析の結果を用いた予測値を得るには，関数 predict を利用します．線形判別分析の結果を格納したオブジェクトに関数 predict を適用すると，R で求めた分類を可能とする直線上に射影した値が要素 x として，線形判別分析を通じて予測した分類結果が要素 class として，それぞれ得られます．

はじめに，要素 x について確認してみましょう．

```
> predict(result.lda)$x
          LD1
1    1.36756519
2   -0.55934545
3    0.75189366
         :
85  -2.30923638
86  -1.08779663
87  -2.39091272
```

要素 x は，2次元平面上の点としてではなく，分類を可能とする直線上の点として得られます．この値の大小によって分類することになります．

要素 x をオブジェクト Data の1列目に格納された教師データでグル

ープ化して箱ひげ図を書いてみましょう．次のように入力すれば，図3.10が得られます．

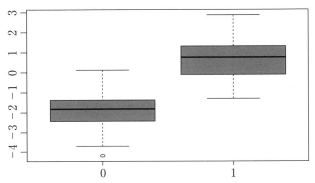

図3.10 線形判別分析での分類の様子

```
> boxplot(split(predict(result.lda)$x,Data[,1]),col=grey(0.8))
```

図3.10は，左側に教師データで信用力がないとされた企業（グループ0に属する企業），右側に信用力があるとされた企業（グループ1に属する企業）のそれぞれの箱ひげ図が描かれています．

この箱ひげ図は，前節で例示した図3.6，図3.7の右図に該当しています．つまり，本章の冒頭で示した図3.1で描いたプロットに対して引いた分類を可能とする直線に射影して一列に並べた値を箱ひげ図で表したものです．この箱ひげ図にある水平線を引いて2つのグループに分類するのですが，2つの箱ひげ図が重なっている部分があるので，完全に2つのグループには分類できません．

教師データの割合をもとにして，Rが分類した結果が要素classに格納されています．要素classの中身を確認してみましょう．

```
> predict(result.lda)$class
 [1] 1 1 1 1 1 1 1 1 1 1 1 1 1 1 0 1 1 1 1 1 1 1 1 1 1 1 1 1 0 1 1 1
[30] 1 1 1 1 0 0 0 1 0 1 1 1 1 1 1 1 1 1 1 1 1 1 1 1 0 0 1 1 1 1
[59] 1 1 1 1 1 1 1 1 1 1 1 1 1 1 0 1 0 0 0 0 0 0 0 0 0 1 0 0 0 0 0
Levels: 0 1
```

信用力がある企業を 1,信用力がない企業を 0 と分類しています.今回の線形判別分析では,65 の企業が信用力があり,22 の企業が信用力がないという結果が得られました.ここで,教師データと比較して,今回の線形判別分析による分類の精度を確認してみましょう.

```
> table(predict(result.lda)$class, Data$Status)
   
     0  1
  0 20  2
  1  3 62
```

教師データには信用力のない企業(グループ 0 に属する点)が 23 社あり,今回の線形判別分析ではそのうちの 20 社が正しく分類でき,3 社を信用力がある企業と誤って分類してしまいました.一方,教師データでは信用力のある企業(グループ 1 に属する点)が 64 社のうち,62 社を正しく分類し,2 社を誤って信用力がない企業であると分類してしまいました.合計 87 社のうち,5 社を誤ってしまったので誤分類率は 5.75 % となります.

本節では,安全性指標と効率性指標という 2 つの指標による線形判別分析を説明しました.2 つの指標をそれぞれ x 軸と y 軸にとった xy 平面を考え,それぞれの企業を xy 平面上の点と見立てると,線形判別分析は xy 平面上に境界を引くことで 2 つのグループに分類しました.もちろん,直線による境界を引くだけでは十分に分類することができない場合も多々あります.次節では,直線では分類できなかったケースにも対応できるサポートベクターマシンを取り上げます.

CHAPTER 3.2 サポートベクターマシン

　線形判別分析では，分類に用いる境界を一意に定めてはいませんでしたが，本節で取り上げる**サポートベクターマシン**は境界を一意に定めます．そして，この境界の定め方に特徴があります．また，カーネル変換という考え方を導入することで単純な直線だけでなく曲線による境界も与えられるようになっています．それでは，サポートベクターマシンについて説明していきましょう．

3.2.1　完全に分類できる問題について

　前節に引き続き，企業の信用力がある場合とない場合の2グループに対して，安全性指標と流動性指標の2指標を用いて分類する問題を取り上げます．サポートベクターマシンについても，2指標の値を xy 平面上の点と考え，xy 平面上の点を2つのグループに分類することを目指します．

　はじめに，教師データを z_i とし，信用力がある企業を 1，信用力がない企業を -1 で与えることにします．つまり，被説明変数 z_i は，-1 か 1 の 2 値を取るとします．また，2 つの説明変数を安全性指標を x_i，流動性指標を y_i とします．まとめますと，本節におけるデータは，ラベルを示す z_i と説明変数部分の x_i，y_i からなります．

　いま，xy 平面上の直線を定数 a，b，c を用いて

$$ax + by + c = 0$$

と表します．また，ある企業の安全性指標と流動性指標の値がそれぞれ x_i，y_i とすると，その企業は xy 平面上の点 (x_i, y_i) に対応します．ここで，当該企業を示す点 (x_i, y_i) と，ある直線 $ax + by + c = 0$ を比較して，

$$ax_i + by_i + c > 0 \Rightarrow z_i = +1$$
$$ax_i + by_i + c < 0 \Rightarrow z_i = -1$$

となるような状況を想定しましょう．このとき，直線 $ax+by+c=0$ は2つのグループを分類する境界となっています．このとき，例外なくすべての点を分類することが可能な場合を**線形分離可能**と呼びます．

ここで，線形分離可能な状況では，ラベルデータ z_i の符号を考慮すると，すべての i について

$$z_i(ax_i + by_i + c) > 0 \tag{3.1}$$

が成立します．

議論を簡単にするために，はじめは理想的な状況である線形分離可能な場合を想定しましょう．このときに，境界 $ax+by+c=0$ はどのように求められるのでしょうか？

xy 平面上の点 (x_i, y_i) と直線 $ax+by+c=0$ の距離は

$$\frac{|ax_i + by_i + c|}{\sqrt{a^2 + b^2}} \tag{3.2}$$

となりますので，分類境界となる直線に最も近い点と直線との距離が求められます．これを**マージン**と呼びましょう．本節で取り上げるサポートベクターマシンは，このマージンを分類の良さを示す基準として採用し，マージンが最大となるような境界を選びます．

マージンは分類境界となる直線と学習データとの距離ですので，分類境界と最も近い学習データ間の距離を示しています．教師データはすべての i について $|z_i|=1$ であることと，(3.1) が成り立つことから，具体的なマージンの値は

$$\frac{z_i(ax_i + by_i + c)}{\sqrt{a^2 + b^2}} \tag{3.3}$$

が最小となるような企業 k を選んだときの値になります．ここで，マージンを達成するような点 (x_k, y_k) を**サポートベクター**と呼びます．

このマージンという値は分類境界の直線までの最小距離を示しているので，マージンが大きいということは分類のための境界が xy 平面上にプロットされたすべての点から最も遠いところに引いてある状態を指します．同じ分類が達成されるならば，境界の直線がどのように引かれようが分類の結果は変わらないのですが，なぜマージン最大化という考え方を導入する必要があるのでしょうか．

それは，一口に分類境界といっても，図 3.11 のように分類境界は無数に引くことができるからです．そのため，境界を 1 つに確定させる条件としてマージンを最大化するという考え方が導入されています．

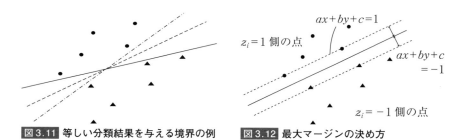

図 3.11 等しい分類結果を与える境界の例　　図 3.12 最大マージンの決め方

さて，マージンの最大化はどのように行うのでしょうか．すでにマージンを達成する点であるサポートベクターが定まった状態で考えるため，(x_k, y_k) は固定されています．また，教師データは $|z_k| = 1$ であるため，具体的には，マージンの式 (3.3) を最大にするような，a, b, c を求めることが目標となります．

ここで，(3.3) を最大にする a, b, c を探すにあたり，注意すべき点があります．それは，a, b, c を定数倍しても (3.3) の値は変わらないことです．例えば，それぞれを 2 倍してみると，分子は

$$z_k((2a)x_k + (2b)y_k + (2c)) = 2z_k(ax_k + by_k + c)$$

分母は

$$\sqrt{(2a)^2 + (2b)^2} = \sqrt{4(a^2 + b^2)} = 2\sqrt{a^2 + b^2}$$

となるので，次のように分子分母に共通の 2 は約分できます．つまり，

$$\frac{z_k((2a)x_k + (2b)y_k + 2c)}{\sqrt{(2a)^2 + (2b)^2}} = \frac{2z_k(ax_k + by_k + c)}{2\sqrt{a^2 + b^2}} = \frac{z_k(ax_k + by_k + c)}{\sqrt{a^2 + b^2}}$$

となり，a, b, c を定数倍しても値が変わりません．

今後，マージンを最大化させる a, b, c を求めていくのですが，あらかじめ，マージンを達成するような点 (x_k, y_k)，つまり，サポートベクターに対して $z_k(ax_k + by_k + c) = 1$ となるように a, b, c を定数倍して調整しておきましょう．

いま，調整した a, b, c について，マージンを達成するような点であるサポートベクター (x_k, y_k) では

$$z_k(ax_k + by_k + c) = 1 \tag{3.4}$$

が成り立っています．なお，このように選んだ a, b, c のもとでは，最短距離を達成する点での値が 1 であることから，その他を含めたすべての点では，

$$z_i(ax_i + by_i + c) \geq 1 \tag{3.5}$$

が成立します．等号が成立する点は，分類境界の直線に最も近い点，つまり最短距離を達成する点であるサポートベクターのみです．

分類の境界を境にして，$z_i = 1$ と $z_i = -1$ のそれぞれのグループが属する領域を考えれば，今回導入したマージンを最大化する境界は図 3.12 の実線のように，中間の線に一意に定まります．ここで，それぞれのグループの境目を線を定めた直線 $ax + by + c = \pm 1$ 上に乗っている点はサポートベクターであることに注意してください．

以上のことから，マージンを最大化する問題は次のように考えること

ができます.

$$\frac{z_i(ax_i + by_i + c)}{\sqrt{a^2 + b^2}}$$ の最小値を最大化する a, b, c を選ぶ

$\Rightarrow \dfrac{1}{\sqrt{a^2 + b^2}}$ を最大化する a, b, c を選ぶ

$\Rightarrow a^2 + b^2$ を最小化する a, b, c を選ぶ

2行目と3行目には c は出てきませんが,マージンの議論をする際に(3.4)と(3.5)を用いているため,制約条件として c を考慮する必要があります.2行目から3行目に移るところでは,$\sqrt{a^2 + b^2}$ が正の数であるために,逆数をとることで,分数の分母を大きくすることはその逆数を小さくすることに等しいので,分母を2乗して逆数を考えています.

以上より,マージンを最大化する問題は,2次関数の最小問題になります.計算を簡単にするために係数 $1/2$ をつけておけば,制約条件 $z_i(ax_i + by_i + c) \geq 1$ のもとで $\dfrac{1}{2}(a^2 + b^2)^2$ を最小とする a, b, c を考えることに等しいです.

マージンを最大化するように定められた境界は,サポートベクターにのみ依存して決められている点に注意してください.つまり,図3.13の点線で囲まれた部分の点,すなわち $|ax + by + c| > 1$ にある点は,境

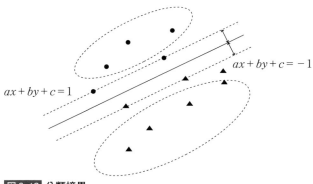

図3.13 分類境界

界の決定に何ら関与していません．線形判別分析は，厳密に言えばデータ全体としての点の変動の大きさや各グループの変動の大きさに注目しているのですが，サポートベクターマシンは，学習データの全体に注目するのではなくサポートベクターのみで分類境界が定められる点が大きな特徴となっています．

3.2.2 線形分離不可能な問題について

これまでの議論では，すべてのデータが線形分離可能であるという前提を置いてきました．しかしながら，実際のデータ分析では，この前提が成り立つことはほとんどありません．そこで，次に線形分離できない場合での分類法について考えていきましょう．

はじめに，正しく分類されているか否かを示す変数 ξ_i を導入します．ξ_i は**スラック変数**と呼び，スラック変数は $\xi_i \geq 0$ として，各データに対して（今回の分類問題では各企業に対して）定義される変数です．

データが正しく分類されている場合（サポートベクターとなっているか，または外側にある場合）は $\xi_i=0$ とし，正しく分類されていない場合（サポートベクターよりも境界よりの内側にある場合）は，$\xi_i=|z_i-(ax_i+by_i+c)|$ とします．

例えば，ちょうど分類境界上にあるような点，つまり $ax_i+by_i+c=0$ となっている点は，正しく分類されていません．この場合のスラック変数は $\xi_i=|z_i|=1$ となります．また，サポートベクターよりも内側にあるような点の場合には $\xi_i<1$ になります．

このように定義したスラック変数をすべてのデータについて足し合わせることで，誤って分類したことのペナルティとします．いま，ペナルティにどの程度の重きをおくかを定める係数 C を導入し，データ数を n とした場合に，次のような**制約付最小化問題**を考えます．

$$\frac{1}{2}(a^2+b^2)+C\sum_{i=1}^{n}\xi_i$$

第 1 項目は線形分離可能な状態でマージンを最大化する際に考えた式と同じですが，誤分類されるデータが含まれているので，厳密には (3.5) が崩れていることから，先ほど導入したスラック変数を利用して誤分類されるデータへのペナルティ項が追加されています．そのペナルティ項である第 2 項目は，スラック変数の和に定数 C をかけることで，誤った分類がされたデータに関するペナルティの重みを調節しています．

3.2.3　カーネル関数の利用

ここまで確認してきたように，サポートベクターマシンでも平面上の点を直線で区切るような考え方を用いて分類を実行していました．しかしながら，前節でも述べたように直線では 2 つのグループに完全に分類できないこともあります．

xy 平面上では 2 つのグループへの分類が難しい場合には，x 軸と y 軸に何らかの変換を加えて，平面を捻じ曲げることで分類が成功することがあります．つまり，R^2 上の直線で分類するのではなく，R 上の<u>超平面</u> $a\phi_1(\boldsymbol{x}) + b\phi_2(\boldsymbol{y}) + c = 0$ を考えて，その<u>超平面</u>のどちら側にあるかで属しているグループを判断するわけです．ここで，ϕ_1, ϕ_2 はそれぞれの軸を変換する関数のようなものだと考えてください．前節まで説明してきた，いわゆる普通の平面上に境界を引いて分類する方法は，**線形カーネル法**と呼ばれます．線形カーネル法では説明変数に対して何ら変更を加えないので，恒等写像 $\phi_1(\boldsymbol{x}) = \boldsymbol{x}$, $\phi_2(\boldsymbol{y}) = \boldsymbol{y}$ を利用していることと同値です．

本書では詳しく説明しませんが，線形カーネル法の学習アルゴリズムにおいて 2 つのデータ $\boldsymbol{x}, \boldsymbol{y}$ は，必ず $\boldsymbol{x}^T\boldsymbol{y}$ という内積の形でのみ現れます．この内積は関数 K を用いて $K(\boldsymbol{x}, \boldsymbol{y}) = \boldsymbol{x}^T\boldsymbol{y}$ と表され，**カーネル関数**と呼ばれます．線形カーネル法では平面の軸はそのままでしたが，空間を捻じ曲げるということは軸が変わるということになりますので，内積 $\boldsymbol{x}^T\boldsymbol{y}$ の部分は $\phi_1(\boldsymbol{x})^T\phi_2(\boldsymbol{y})$ へと変わります．ここで $\phi_i(\boldsymbol{z}) = (\phi_i(z_1), \phi_i(z_2), \cdots)^T$ です．この変形はまさにカーネル関数を取り替えることを意味していま

す．サポートベクターマシンはこのカーネル関数を適当に取り替えることで，**超平面**による分類を実現しています．

ここではサポートベクターマシンでよく利用される**ガウシアンカーネル**を簡単に紹介します．ガウシアンカーネルのカーネル関数 $K(x, y)$ は次の通りになります．

$$K(\boldsymbol{x}, \boldsymbol{y}) = \exp\left(-\frac{\|\boldsymbol{x}-\boldsymbol{y}\|^2}{2\sigma^2}\right) \tag{3.6}$$

ガウシアンカーネルは正規分布の密度関数に似た形をしており，平面の一部を山のように盛り上げたり，谷のようにへこませたりと歪みを持たせるように変形させます．図 3.14 と図 3.15 は，それぞれガウシアンカーネルによる分類のイメージ図です．

図 3.14 平面上の 2 値分類問題．○と▲はそれぞれのグループに属する点を表す

(1) 鳥瞰図によるイメージ

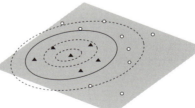
(2) 等高線によるイメージ

図 3.15 カーネル変換を用いて分類するイメージ．(1) は立体的なイメージ（鳥瞰図）であり，(2) は同じ状況を真上から見た等高線により表している．

サポートベクターマシンでは，線形カーネル法，ガウシアンカーネル法だけではなく，様々なカーネル関数が導入されており，実際のデータ分析で利用されています．カーネル法を利用することで，線形カーネル法ではうまく分類できなかった問題でも，よりよく分類できるようになる場合があります．しかしながら，カーネルを複雑にしたところで必ずしも分類精度が向上するという保証はなく，直感も働きにくくなるので分類結果が解釈しにくくなる可能性があることに注意してください．

3.2.4　Rによるサポートベクターマシン

それでは，R上でサポートベクターマシンによる分類を確かめていきましょう．はじめに，サポートベクターマシンを利用するためのパッケージkernlabとmlbenchを読み込みます．この2つのパッケージは標準ではインストールされていません．Rのメニューバーの「パッケージ」から「パッケージのインストール」を選び，Rの指示に従ってインストールしてください．インストールが終わりましたら以下のコマンドを入力してください．

```
> library(kernlab)
> library(mlbench)
```

なお，サポートベクターマシンを実行する関数は **ksvm** です．利用法は次の通りです．

```
ksvm(x,y,type="C-svc",kernel="vanilladot",C=1)
```

引数xには，説明変量（トレーニングデータ）を行列形式で指定し，引数yに教師データを指定します．本章で述べている分類問題，特に第3.2.2節で述べたようなスラック変数とペナルティCを導入した形式の分類問題を解かせる場合には引数typeに"C-svc"を指定します．カーネル関数の指定は引数kernelで指定します．線形カーネルを指

定する場合には"vanilladot",ガウシアンカーネルを指定する場合には"rbfdot"をそれぞれ指定します.なお,初期設定ではガウシアンカーネルが指定されています.正しく分類されているかを示すスラック変数の和に対する重みを示すペナルティの係数を指定する引数はCであり,初期設定の値は1です.

それでは,実際にデータ分析をしてみましょう.まず,説明変量を与えるオブジェクト X の型を行列にし,ラベルを与えるオブジェクト Y の型をファクタにしておきます.オブジェクトの型を変更するには,【as.型名】というコマンドを用います.すなわち,あるオブジェクトの型をファクタ型にしたい場合には as.factor を,行列型にしたい場合には as.matrix を用います.

オブジェクト Data の1列目,すなわち Status をファクタ型に変換し,それ以外の部分,安全性指標と流動性指標の2つのデータを行列型に変換するには,次のように入力します.

```
> Y=as.factor(Data[,1])
> X=as.matrix(Data[,-1])
```

オブジェクト Y にファクタ型になった信用力の状況,オブジェクト X には安全性指標と流動性指標2つのデータが行列として格納されています.なお Data[,-1] は1列目を取り除けという命令ですので注意してください.

それでは,線形カーネルを用いたサポートベクターマシンによる分析結果をオブジェクト result.svm に格納しましょう.分析結果は次のようになります.

```
> result.svm=ksvm(x=X,y=Y,type="C-svc",kernel="vanilladot")
 Setting default kernel parameters
> result.svm
Support Vector Machine object of class "ksvm"

SV type: C-svc  (classification)
```

```
 parameter : cost C = 1

Linear (vanilla) kernel function.

Number of Support Vectors : 22

Objective Function Value : -18.383
Training error : 0.068966
```

　分類境界を設定するサポートベクターの数は Number of Support Vectors に記されており，今回は 22 のサポートベクターで構成される分類境界ができました．この分析による予測値は結果を格納したオブジェクト result.svm に対して関数 predict を適用することで得られます．

```
> predict(result.svm)
 [1] 1 1 1 1 1 1 1 1 1 1 1 1 0 1 1 1 1 1 1 1 1 1 1 1 1 1 0 1 1 1 1 1
[33] 1 0 0 0 1 0 1 1 1 1 1 1 1 1 1 1 1 1 1 1 0 0 1 1 1 1 1 1 1 1 1 1
[65] 1 1 1 1 1 1 1 0 1 0 0 0 0 0 0 0 0 1 0 0 0 1 0
Levels: 0 1
```

　予測値は，グループ 0 とグループ 1 のいずれに属するかの 2 値として得られます．それでは，教師データである Y と比較してみましょう．

```
> table(predict(result.svm),Y)
   Y
     0  1
  0 19  2
  1  4 62
```

　教師データでは信用力が不十分とされる企業数 23 に対して，誤って信用力が十分と判断された企業数が 4，一方で，教師データでは信用力が十分とされる企業数 64 に対して，誤って信用力が不十分と判断された企業数が 2，合計して 6 社の企業が誤って分類されたため，誤分類率は 6.90% になります．

　続いて線形カーネルではなくガウシアンカーネルを用いたサポートベ

クターマシンを実行してみましょう．

引数 kernel に対し"rbfdot"を指定した場合の結果は次の通りです．

```
> result.svm=ksvm(x=X,y=Y,type="C-svc",kernel="rbfdot")
> result.svm
Support Vector Machine object of class "ksvm"

SV type: C-svc  (classification)
 parameter : cost C = 1

Gaussian Radial Basis kernel function.
 Hyperparameter : sigma =  1.40673012383377

Number of Support Vectors : 35

Objective Function Value : -19.2857
Training error : 0.045977
```

今回は，35 のサポートベクターによる分類ができました．ガウシアンカーネルを用いた場合の予測値と教師データを比較してみましょう．

```
> table(predict(result.svm),Y)
   Y
     0  1
  0 20  1
  1  3 63
```

教師データでは信用力が不十分とされる企業数 23 に対して，誤って信用力が十分と判断された企業数が 3，一方で，教師データでは信用力が十分とされる企業数 64 に対して，誤って信用力が不十分と判断された企業数が 1，それぞれ誤って判断した企業が 1 つずつ減っており，合計して 4 社の企業の判断を誤りました．したがって，誤分類率は 4.60％と分類精度が向上しています．

今回のデータに対して線形カーネル，ガウシアンカーネルを用いたサポートベクターマシンを適用した場合，それぞれサポートベクターの数

は異なり，分類結果も，線形カーネルで分類を誤った企業数が6社，ガウシアンカーネルでは4社となり，ガウシアンカーネルを用いたほうがより高い精度で分類できました．ただし，ペナルティの重みCを変更させることで分類結果は変わります．各自で変更してみてください．

　本章で説明した2つの分類手法，線形判別分析とサポートベクターマシンは，平面上にプロットした銘柄を境界を引くようにしてグループ化するものでした．そのため，対象となるグループが増えた場合にも容易に拡張可能となっています．実際，Rで用意されている線形判別分析を行う関数lda，サポートベクターマシンを行う関数ksvmは，教師データが3グループ以上でもそのまま利用することができます．

CHAPTER 4

第4章

確率による分類

第 3 章では，2 変量による分類問題を，xy 平面上にプロットされた点をある境界によって 2 つのグループに分類するという，ある種の空間的な分類法で解決してきました．本章では，点がどちらのグループに属するかを確率値を通じて計量的に判断する方法を扱います．具体的には，すべての企業に対して「企業は信用力がある」という確率を計算し，その高低で信用力の有無を判断します．もちろん被説明変量は確率になるので，被説明変量が取りうる値は 0 から 1 の間に限定されますから，第 2 章で述べたように単なる線形回帰モデルでは正確に説明できません．

　本書では**一般化線形モデル**を使うことで，この被説明変量の定義域の問題を解決していきます．ただし，一般化線形モデルは，それだけで一冊の本になるほどのボリュームがありますので，本書では 2 値の分類によく用いられるロジスティック回帰モデルのみを取り上げます．

　なお，この一般化線形モデルはいわゆる線形回帰モデルの拡張になるので，サポートベクターマシンなどの機械学習の手法と比べると，どの説明変量がモデル全体の説明力向上に寄与しているかなどのモデルの診断を行いやすいという特徴があります．

4.1　ロジスティック回帰モデル

　線形回帰モデルでは，いま考えている 2 値分類の問題をうまく解くことができませんでした．その理由は，被説明変量が 0 と 1 の 2 つの値しかとらないので，被説明変量と説明変量間の関係を直線で説明するのが困難だったからでした．それでは，どのように工夫していけばよいのでしょうか？

　まずはじめの工夫として，教師データ y_i を 0 と 1 という 2 つの値しかとらない形式でなく，連続する値に変換します．ただし，2 つのグル

ープを分類するという前提は崩さないようにせねば工夫の意味がありません．そこで，ある企業が信用力が十分であると判定される確率（グループ1になる確率）を被説明変数に設定することにします．このように考えれば，被説明変数は0と1の2つの値でなく，連続に変化する（グラフで描くと線でつながる）形になります．

いま，線形回帰モデルの y_i を未知の確率を π としておきかえると，次のようなモデル

$$\pi_i = \beta_0 + \beta_1 x_{i1} + \beta_2 x_{i2}$$

で表現できることになります．この変換によって被説明変数は0と1しか取らない離散値ではなくなりましたが，あいかわらず下限値が0，上限値が1という限られた区間の値しか取れないという制限があります．一方，線形回帰モデルは直線の式ですから被説明変数の定義域は $-\infty$ から ∞ なので，もし線形回帰モデルのように扱いたいのならばもう一工夫必要です．

さらに工夫するためのポイントは，確率の考え方を導入して連続する値に変換した被説明変数に対して，取り得る値の制限を外すことです．そこで，このモデル式に対して**対数オッズ**比を導入します．対数オッズ比とは，0から1までに限定された値を取る確率値の制限範囲を拡張する変換のことであり，次の式で表すことができます．

> **対数オッズ比**
>
> ある事象が起こる確率 p に対して $\log \dfrac{p}{1-p}$ で定義する．

確率は $[0, 1]$ で定義されていますので，対数オッズ比が取りうる値は $(-\infty, \infty)$ です[*16].

[*16] 厳密にいえば，$\lim_{p \to +0} \log \dfrac{p}{1-p} = -\infty$，$\lim_{p \to 1-0} \log \dfrac{p}{1-p} = \infty$ です．

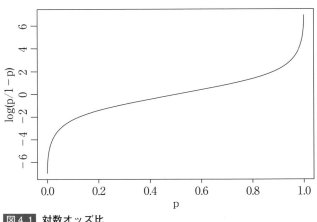

図 4.1 対数オッズ比

変換のイメージは図 4.1 に示しました.

横軸は確率値 p であり,p が 0 に近くなればなるほど対数オッズ比の値はどんどん小さくなり最終的には $-\infty$ に近づいていきます.一方,p が 1 になればなるほど対数オッズ比の値は大きくなっていき ∞ に近づいていきます.また,$p=0.5$ のとき,つまり確率値が 50% のときに対数オッズ比の値が 0 になります.つまり,確率値が 50% を超えるときに対数オッズ比は正の値をとり,確率値が 50% を下回るときには対数オッズ比は負の値を取ります.

これで,2 つの値しかとらなかった被説明変量を上限下限値のない連続値の変量へ変換することができました.それでは,対数オッズ比によって変換した被説明変量を説明する線形回帰モデルを書いてみましょう.

$$\log \frac{\pi_i}{1-\pi_i} = \beta_0 + \beta_1 x_{i1} + \beta_2 x_{i2} \tag{4.1}$$

このように,教師データをそのまま扱うのではなく,特定のグループに属する確率と考え,それを対数オッズ比で変換することで被説明変量

4.1 ロジスティック回帰モデル

に定義しなおせば，線形回帰モデルと同じような考え方で2値の分類問題を扱うことができます．この対数オッズ比は確率値に対する変換方法ですが，一般的に次のような関数変換

$$f(y) = \log \frac{y}{1-y}$$

を**ロジット変換**と呼ぶため，(4.1) は**ロジット回帰モデル**と呼ばれます．なお，本節の名称はロジット回帰モデルではなくロジスティック回帰モデルになっていますが，これは誤植ではありません．その理由が分かるよう，もう少しだけ (4.1) について説明を続けます．

ロジット回帰モデルでは，被説明変数にロジット変換を施しています．つまり，(4.1) の左辺にロジット変換を施しているわけですが，実は左辺にロジット変換がかかっている数式よりも，右辺に何らかの関数変換をかけていたほうが，パラメタの推定がやりやすいことが分かっています．また，第2章でも書いたように統計モデルは通常

$$Y = f(X_1, X_2) + \varepsilon$$

という標準形のもとで議論が行われているので，関数変換は左辺でなく右辺で行うほうが一般的です．

それでは，(4.1) で表した左辺のロジット変換を右辺に移動させてみましょう．はじめにロジット変換の逆関数を考えます．いま $x = f(y) = \log \frac{y}{1-y}$ としておくと，

$$x = \log \frac{y}{1-y} \Leftrightarrow e^x = \frac{y}{1-y} \Leftrightarrow (1-y)e^x = y \Leftrightarrow (1-y) = ye^{-x}$$

$$\Leftrightarrow 1 = y(1 + e^{-x}) \Leftrightarrow y = \frac{1}{1 + e^{-x}}$$

となり，$y = f^{-1}(x) = \dfrac{1}{1 + e^{-x}}$ と計算できます．ここで，$f^{-1}(x) =$

$\dfrac{1}{1+\exp(-x)}$ は**ロジスティック変換**[*17] と呼ばれています.

ロジット変換とロジスティック変換の関係を利用して,ロジット回帰モデルを書き換えてみましょう.

$$\log \frac{\pi_i}{1-\pi_i} = \beta_0 + \beta_1 x_{i1} + \beta_2 x_{i2} \Leftrightarrow \frac{\pi_i}{1-\pi_i} = \exp\{\beta_0 + \beta_1 x_{i1} + \beta_2 x_{i2}\}$$

$$\Leftrightarrow \pi_i = (1-\pi_i)\exp\{\beta_0 + \beta_1 x_{i1} + \beta_2 x_{i2}\}$$

$$\Leftrightarrow \pi_i \exp\{-(\beta_0 + \beta_1 x_{i1} + \beta_2 x_{i2})\} = 1 - \pi_i$$

$$\Leftrightarrow \pi_i \left[1 + \exp\{-(\beta_0 + \beta_1 x_{i1} + \beta_2 x_{i2})\}\right] = 1$$

$$\Leftrightarrow \pi_i = \frac{1}{1 + \exp\{-(\beta_0 + \beta_1 x_{i1} + \beta_2 x_{i2})\}}$$

これで標準的な統計モデルの表現と一致しました.

なお,被説明変量にロジット変換を施したロジット回帰モデル (4.1) に対して,右辺の線形モデルの部分にロジスティック変換を施したモデル

$$\pi_i = \frac{1}{1 + \exp\{-(\beta_0 + \beta_1 x_{i1} + \beta_2 x_{i2})\}} \tag{4.2}$$

を**ロジスティック回帰モデル**と呼びます.

これで,2値分類問題を線形回帰モデルと同様に扱う準備ができました.本節でどのような変換を行ったのか,その要点をまとめると

- 教師データ y_i が 0 か 1 をとる.
  ⇒グループ1に属する確率 π_i に変換する.

[*17] $\dfrac{1}{1+\exp(-x)}$ は**ロジスティックシグモイド関数**とも呼ばれ,次に学ぶニューラルネットワークでも利用します.

> ● 被説明変量の取り得る値が 0 から 1 までと限定されている．
> ⇒対数オッズ比を導入し，取り得る値を拡大させる．

となります．

　なお，本節のこのロジスティック回帰モデルの説明には不十分な点もあります．それは π_i が観測できないという事実が一切触れられていない点です．モデルの左辺の値はデータから求められないので，線形回帰モデルのパラメタ推定でよく用いられる最小二乗法推定は使えません．実際のパラメタ推定では π_i に対してベルヌーイ分布を仮定し，最尤推定法と呼ばれる方法で推定を行う必要があります．次の節で取り扱う R の関数 glm は，与えられたデータを用いて最尤推定を実行し，パラメタの推定値を返してくれます．

CHAPTER 4.2 ロジスティック回帰モデルの当てはめ

　それでは，企業の信用力データにロジスティック回帰モデルを当てはめてみましょう．一般化線形モデルによるあてはめは，関数 glm を用います．この関数名は，一般化線形モデル（Generalized Linear Model）の頭文字を取ったものです．

```
glm(モデル式, data=利用データフレーム名, family=モデルの種類)
```

　なお，引数 family に binomial を指定すればロジスティック回帰モデルを当てはめることが可能です[18]．

　モデル式は，線形回帰モデルを扱う関数 lm，線形判別分析を扱う関

数 lda での指定と同様に記述します．引数 data に対象データであるオブジェクト名 Data を与えることで，モデル式の左辺を Data 内のオブジェクト名である Status で指定することができます．今回の分類の問題をロジスティック回帰モデルを用いて分析するには次のように入力します．

```
> glm(Status~., data=Data, family="binomial")
```

それでは，分析結果を確認していきましょう．まず，ロジスティック回帰モデルの当てはめ結果をオブジェクト result.glm に格納します．続いて，結果を格納したオブジェクト result.glm に関数 summary を適用することで詳しい分析結果が得られます．

```
> result.glm=glm(Status~., data=Data, family="binomial")
> summary(result.glm)

Call:
glm(formula = Status ~ ., family = "binomial", data = Data)

Deviance Residuals:
     Min        1Q    Median        3Q       Max
-2.59177  -0.01905   0.06244   0.16512   1.55621

Coefficients:
            Estimate Std. Error z value Pr(>|z|)
(Intercept)   17.151      4.306   3.983 6.81e-05 ***
安全性        -22.456      5.773  -3.890  0.00010 ***
流動性        -20.634      7.374  -2.798  0.00514 **
---
Signif. codes:  0 '***' 0.001 '**' 0.01 '*' 0.05 '.' 0.1 ' ' 1

(Dispersion parameter for binomial family taken to be 1)

    Null deviance: 100.498  on 86  degrees of freedom
```

---

*18
　引数 family は一般化線形モデルのリンク関数を指定するものです．そのほか，gamma，poisson などを指定する場合があります．

```
Residual deviance:  31.249 on 84 degrees of freedom
AIC: 37.249

Number of Fisher Scoring iterations: 7
```

推定した係数は，出力結果の Coefficients: に記載されています．係数の推定値は Estimate の列を確認します．右端の Pr(>|z|) は，その説明変量の係数が0であることを帰無仮説にした場合の仮説検定における p 値です．この値があらかじめ設定した有意水準を下回っていれば，説明変量にかかる係数は0ではないと判断でき，その説明変量が有意であると判断できます．右についている * は3つの場合には p 値が0.1%を，2つの場合には1%を，1つの場合には5%を下回っていることを示しています．有意水準を1%に設定した場合でも，すべての変量は有意であると考えられます．

次に，係数の値を確認しましょう．切片項である (Intercept) は正の値となっていますが，その一方で，安全性，流動性は負の値となっています．安全性指標は，総負債÷総資産であるため，総資産に対して負債額が大きいほど，安全性指標の値が大きくなります．推定された係数は負の値ですから，負債額が大きいほどに信用力が低くなるという関係があることが分かります．流動性指標の定義は現金・預金÷総資産であるので，手元に残している現金・預金の金額が大きいほど流動性指標の値が大きくなります．推定された係数は負の値ですので，手元に残っている現金・預金の金額が大きいほど信用力が低くなるという関係があることが分かりました．まとめますと，負債が大きく，手元の資金を有効に投資に回していない企業の信用力が低くなっていることが分かりました．

このように，ロジスティック回帰モデルでは，説明変量が教師データに対してどの程度説明効果があるのか分かるため，得られた結果に対する考察がしやすくなっています．

それでは，今回のロジスティック回帰モデルでの分類精度について確

認しましょう．推定したロジスティック回帰モデルから予測値を取得するためには，結果を格納したオブジェクト result.glm に対して関数 predict を適用します．

```
> predict(result.glm)
         1          2          3          4          5          6
 6.8776713  1.3360125  5.1579435  8.5773844  5.2305933  5.6505989
         7          8          9         10         11         12
 5.5202524  1.4417047  5.6630300  9.2423766  8.1612743  9.0474628
        13         14         15         16         17         18
-8.0672775  5.4465357  3.0943348  9.6638585  4.1303902  4.9796780
                                       :
                                       :
```

　ロジスティック回帰モデルの予測値では，正の値が信用力が十分なもの，負の値が信用力が不十分なものとして得られます．

　これは，今回の分析で得られたモデル式は対数オッズ比で考えており，

$$\log \frac{\pi_i}{1-\pi_i} = 17.151 - 22.456 \times 安全性指標 - 20.634 \times 流動性指標$$

となっているからです．予測値を確率値として得るためにはロジスティックシグモイド関数を適用する必要があります．具体的には

$$\pi_i = \frac{1}{1+\exp(17.151 - 22.456 \times 安全性指標 - 20.634 \times 流動性指標)}$$

という形です．ロジスティックシグモイド関数 $f(y) = \dfrac{1}{1+\exp(-y)}$ は，$y=0$ のときは $f(0)=0.5$ となり，1 のグループである確率が 50% となります．例えば正の値 $y=3$ のときには，$f(3) = \dfrac{1}{1+\exp(-3)} = 0.953$ となり，1 のグループである確率は 95.3%，負の値 $y=-3$ のときには，

$f(-3) = \dfrac{1}{1+\exp(3)} = 0.047$ となり，1のグループである確率は4.7%です．

本章では，確率値として分類問題を考えています．そのため，ロジスティック回帰モデルの予測値も確率値で扱いたいので，R上でロジスティックシグモイド関数を計算する新しい関数 sigmoid を定義しておきましょう．関数の定義は，関数 function を利用して次のように入力します．

```
function(変数名){  関数の定義  }
```

それでは，ロジスティックシグモイド関数を作成してみましょう．次のように入力してください．

```
> sigmoid=function(x){  1 / ( 1 + exp( - x ) ) }
```

引数は仮に x としておき，関数の定義では，$\dfrac{1}{1+\exp(-x)}$ を記述しています．

それでは，新しく定義した関数 sigmoid を利用してロジスティック回帰モデルによる予測値を確認してみましょう．ロジスティック回帰モデルによる分析結果に基づいた予測値を得るためには，分析結果が格納されたオブジェクト result.glm に対して関数 predict を適用します．さらに，その予測値に先ほど定義したロジスティックシグモイド関数を計算する新たな関数 sigmoid を適用させることで，各企業が信用力があるグループに属する確率値を得ることができます．次のコマンドは，第1列目にロジスティック回帰モデルによる予測値，第2列目にその予測値にロジスティックシグモイド関数を適用して確率値に変更した値，第3列目に教師データを並べて表示させるものです．なお，結果を見やすくするために，小数点第4位を四捨五入して，小数点第3位まで

を表示させています.

```
> round(cbind(predict(result.glm),sigmoid(predict(result.glm)),Data[,1]),3)
    [,1]   [,2] [,3]
1   6.878 0.999   1
2   1.336 0.792   1
3   5.158 0.994   1
4   8.577 1.000   1
      :     :    :
      :     :    :
84 -1.492 0.184   0
85 -3.809 0.022   0
86 -0.199 0.451   0
87 -4.064 0.017   0
```

はじめの4企業については,第2列目の値が0.792から1.000までと高い値を示しています.この値は当該企業が信用力があると判断できる（グループ1に属する）確率を示しており,教師データである第3列目と比較しても,すべてグループ1に属していたことが確認できます.最後の4企業については,86番目の企業で信用力があると判断できる確率は0.451と高いものの,50%より低く,その他の3企業については高々0.184であり,グループ1に属する確率は低い値であると考えられます.実際に教師データを確認してみると,4つの企業はすべてグループ0に属しています.

ここまで確認する限り,ロジスティック回帰モデルによる分類は,信用力がある企業であるか,そうでないかをうまく分類できているように見えます.それでは,全体のデータを見渡して,今回のロジスティック回帰モデルによる分類精度を確認してみましょう.

はじめに,教師データに記録されたグループごとにロジスティック回帰モデルによる予測値がどのように分布しているかを,箱ひげ図を用いて視覚的に確認してみましょう.

次のコマンドを入力することで,図4.2が得られます.

4.2 ロジスティック回帰モデルの当てはめ

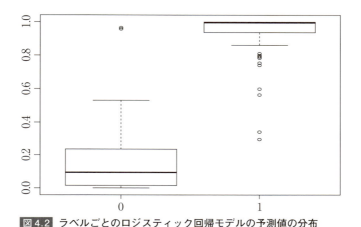

図4.2 ラベルごとのロジスティック回帰モデルの予測値の分布

```
> boxplot(split(sigmoid(predict(result.glm)),Data[,1]))
```

　ロジスティックシグモイド関数を用いて，ロジスティック回帰モデルの予測値を確率値に変換しているため，値は0から1の範囲に収まっています．教師データではグループ0に属しているにもかかわらず，いくつかの企業で信用力があるとされる確率値が1に近いものが存在しています．一方で，教師データでグループ1に属している企業では，全体的に信用力があるとされる確率値が高いものが多く，0.5を下回る銘柄は2銘柄程度であることが分かります．

　分類精度を細かく確認するために，ロジスティック回帰モデルによる予測値の確率値が0.5以上のものをグループ1，0.5未満のものをグループ0にそれぞれ判断し，教師データとの比較を行いましょう．確率値が0.5以上のときに1，0.5未満のときに0とするためには，確率値の小数点第1位を四捨五入すればよいので，次のように入力をします．

```
> table(x=round(sigmoid(predict(result.glm)),0), y=Data[,1])
   y
x   0  1
  0 20  2
  1  3 62
```

　今回のロジスティック回帰分析によって信用力がないと判断された企業数は22，信用力があると判断された企業数は65になります．教師データと比較してみると，本来であれば信用力があるにもかかわらず，信用力がないと判断された企業数は2，一方で，本来信用力がないにもかかわらず，信用力があると誤って判断された企業数は3になりました．まとめると，今回のロジスティック回帰モデルの当てはめでは，全体の企業数87に対して，誤って判断してしまった企業数は5であるため，誤分類の比率は5.75％となりました．この数値は第3章で説明した線形判別分析，サポートベクターマシンとほぼ同じ比率であり，よく分類できていることが分かります．

　なお，本節ではRによる関数定義の練習という意味で，あえて関数 predict の予測値を使いシグモイド関数を通じて確率の予測値を計算しましたが，実は関数 fitted を使うことで直接確率の予測値を求めることも可能です．

CHAPTER 4.3 ロジスティック回帰モデルにおけるパラメタ推定

　第4.1節では，ロジスティック回帰モデルの考え方について述べるにとどめ，パラメタ推定について詳しく説明していませんでした．本節では，ロジスティック回帰モデルのパラメタ推定について概略を述べましょう．なお，ロジスティック回帰モデルは，一般化線形モデルとよばれ

るモデルの一種で，被説明変量に確率分布を仮定しその期待値をモデル化しています．そのため，**最小二乗法**ではパラメタ推定できず，**最尤推定法**を用いる必要があります．

今回取り扱っている 2 値の分類問題のように，2 つの選択肢のうち，いずれか一方が必ず選択されるような試行のことをベルヌーイ試行とよびます．二者択一の選択問題であれば，ある選択肢が選ばれる確率を p とすれば選ばれない確率は $1-p$ で表現できます．本章のように，信用力に関する問題をロジスティック回帰モデルで分析するにあたっては，ある企業 i が信用力があると判断される確率を π_i とおいたベルヌーイ試行として考えます．

いま，教師データ y_i と学習データ (x_{i1}, x_{i2}) の組が n 個あるとします．つまり，$(y_1, x_{11}, x_{12}), (y_2, x_{21}, x_{22}), \cdots, (y_n, x_{n1}, x_{n2})$ がすでに得られています．信用力があると判断されている場合は $y_i = 1$，ないと判断されている場合は $y_i = 0$ となっています．このとき，データ i が信用力があると判断される確率は π_i であり，教師データとして信用力がある場合の i については $\{i \mid y_i = 1\}$ と記しましょう[19]．

求めるパラメタをまとめて β としておくと，尤度関数 $L(\beta)$[20] は，

$$L(\beta) = \prod_{\{i \mid y_i = 1\}} \pi_i \prod_{\{i \mid y_i = 0\}} (1 - \pi_i) = \prod_{i=1}^{n} \pi_i^{y_i} (1 - \pi_i)^{1 - y_i}$$

と記述できます．信用力があるデータの添え字を $1, 2, \cdots k$，信用力がないデータの添え字を $k+1, k+2, \cdots, n$ とした場合，

$$\prod_{i=1}^{n} \pi_i^{y_i} (1 - \pi_i)^{1 - y_i}$$
$$= \pi_1 \times \pi_2 \times \cdots \times \pi_k \times (1 - \pi_{k+1}) \times (1 - \pi_{k+2}) \times \cdots (1 - \pi_n)$$

---

[19] 一般的に，{右側の条件を満たすような添え字を示す | 条件} と表記します．そのため，$\{i \mid y_i = 1\}$ とした場合には，$y_i = 1$ となるような添え字 i を列挙したものを指します．

と整理できます．では，対数尤度 $l(\beta)$ を計算してみましょう．

$$l(\beta) = \log L(\beta) = \log\left\{\prod_{i=1}^{n} \pi_i^{y_i}(1-\pi_i)^{1-y_i}\right\} \\ = \sum_{i=1}^{n}\left\{y_i \log \pi_i + (1-y_i)\log(1-\pi_i)\right\} \quad (4.3)$$

いま，ロジスティック回帰モデル式 $\log\dfrac{\pi_i}{1-\pi_i} = \beta_0 + \beta_1 x_{i1} + \beta_2 x_{i2}$ を思い起こすと，次のように計算ができます．

$$\log\frac{\pi_i}{1-\pi_i} = \beta_0 + \beta_1 x_{i1} + \beta_2 x_{i2} \\ \Leftrightarrow \log \pi_i - \log(1-\pi_i) = \beta_0 + \beta_1 x_{i1} + \beta_2 x_{i2} \\ \Leftrightarrow \log \pi_i = \log(1-\pi_i) + (\beta_0 + \beta_1 x_{i1} + \beta_2 x_{i2})$$

この関係式を（4.3）の右辺に適用すれば，

$$l(\beta) = \sum_{i=1}^{n}\left[y_i\left\{\log(1-\pi_i) + (\beta_0 + \beta_1 x_{i1} + \beta_2 x_{i2})\right\} + (1-y_i)\log(1-\pi_i)\right] \\ = \sum_{i=1}^{n}\left[y_i(\beta_0 + \beta_1 x_{i1} + \beta_2 x_{i2}) + \log(1-\pi_i)\right]$$

が得られます．ここで，（4.2）

$$\pi_i = \frac{1}{1 + \exp\left\{-(\beta_0 + \beta_1 x_{i1} + \beta_2 x_{i2})\right\}}$$

を思い出せば，$1-\pi_i$ は次のように計算できます．

---

*20
本文内にあるように $\prod_{\{i|y_i=1\}} \pi_i$ と記すと，$y_i=1$ となるようなすべての π_i についての積を表します．

$$1 - \pi_i = 1 - \frac{1}{1 + \exp\{-(\beta_0 + \beta_1 x_{i1} + \beta_2 x_{i2})\}}$$

$$= \frac{\exp\{-(\beta_0 + \beta_1 x_{i1} + \beta_2 x_{i2})\}}{1 + \exp\{-(\beta_0 + \beta_1 x_{i1} + \beta_2 x_{i2})\}}$$

$$= \frac{1}{\exp\{(\beta_0 + \beta_1 x_{i1} + \beta_2 x_{i2})\} + 1}$$

したがって，対数尤度関数は次のように計算ができます．

$$l(\beta) = \sum_{i=1}^{n} \Big[y_i(\beta_0 + \beta_1 x_{i1} + \beta_2 x_{i2}) - \log\{\exp(\beta_0 + \beta_1 x_{i1} + \beta_2 x_{i2}) + 1\} \Big]$$

対数尤度関数が得られましたので，パラメタの推定に際しては，対数尤度関数を最大にするパラメタの値を最尤推定値として採用すればよいことになります．つまり，β_0, β_1, β_2 で偏微分した値が 0 となる式から作成した連立方程式の解が最尤推定値になります．

ロジスティック回帰モデルでは，説明変量の係数の値により，分類に対して各説明変量がどのように寄与しているか明示的に分かります．つまり，分類のロジックを解釈することが可能となっている点が分析における大きなメリットとなります．特に分類結果が得られていないような未知の問題へ学習したモデルを応用する際は，機械が各説明変量をどのように解釈して分類しているかが分かっていると，チューニングやモデルの改良が効率的に行えます．あとで説明するニューラルネットワークやディープラーニングなど，最近流行している機械学習法の多くは，被説明変量（出力）に対する説明変量（入力）の寄与を解釈することが困難になっています．どの変量がよい分類結果を出すか分からない以上，分析者が考えうるすべての種類のデータ（いわゆるビッグデータ）を用意しコンピュータにひたすら学習させ続けなければならず，結果としてどうしても大型計算機の力を借りざるを得なくなります．データの中身を特に吟味をしなくても使えるという点で利便性は高いのですが，計算

がとても煩雑になり頑健性の担保が困難になるというわけです．読者の皆さんは，事前に用いる手法を決めるのではなく，各方法のメリットとデメリットをよく理解してから，各自の分析の目的に応じた適切な方法を選択してください．

第5章 ニューラルネットワークによる分類

本章ではニューラルネットワークを紹介します．ニューラルネットワークは神経細胞のシステムを模した数理モデルとして知られています．最近耳にする機会が増えてきた**ディープラーニング**は，簡単に言えばこのニューラルネットワークを応用し多層化したモデルです．ディープラーニングそのものについては本書では説明の対象外としていますが，その基礎となるニューラルネットワークを理解すれば，ディープラーニングの理解に大いに役立つでしょう．

CHAPTER 5.1 フィードフォワードニューラルネットワーク

　ニューラルネットワークといっても様々な実装形式がありますが，本書では一般的に利用されている**フィードフォワードニューラルネットワーク**を取り上げます．

　フィードフォワードニューラルネットワークは，ニューロンが層状にグループ化され，入力層から中間層を経て出力層へと，単一方向にのみ信号が伝搬する構造をしています．

　図 5.1 は，多層構造のフィードフォワードニューラルネットワークのうち，隣り合う 2 つの層のイメージを示しています．いま，層の数を K とし，第 k 層に属するニューロンの数を n_k とします．第 k 層にある i 番目のニューロンからの出力を $x_i^{[k]}$ としましょう．このとき，第 k 層にあるニューロンからの出力をまとめて $\boldsymbol{x}^{[k]} = (x_1^{[k]}, x_2^{[k]}, \cdots x_{n_k}^{[k]})^T$ で表します．

　次に，第 $k+1$ 層のニューロンへの入力について考えましょう．

　いま，$k+1$ 層の j 番目にあるニューロンへの入力 $a_j^{[k+1]}$ は，第 k 層のニューロンからの出力 $x_i^{[k]}$ とそれぞれの重みパラメタ $w_{ij}^{[k]}$ との積の線形和に，そのニューロン特有の定数項 $w_{j0}^{[k]}$ を加えたもので定義され，

5.1 フィードフォワードニューラルネットワーク

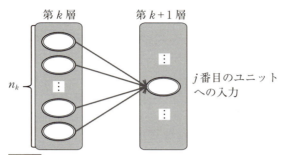

図 5.1 多層構造のフィードフォワードニューラルネットワーク

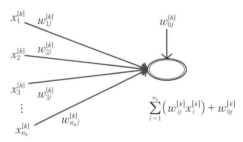

図 5.2 ニューロンへの入力のイメージ

$$a_j^{[k+1]} = \sum_{i=1}^{n_k} w_{ji}^{[k]} x_i^{[k]} + w_{j0}^{[k]}$$

と表現できます．

ニューロンからの出力は，入力 $a_j^{[k+1]}$ に関数を掛けたもの

$$x_j^{[k+1]} = f(a_j^{[k+1]})$$

で定義されます．なお，分類を行うためのニューラルネットワークでは，関数 $f(\cdot)$ にロジスティックシグモイド関数

$$f(a) = \frac{1}{1 + \exp(-a)}$$

を採用することが一般的です．

ニューラルネットワークにおける学習とは，各ニューロンの出力値に掛ける重みパラメタ w を求めることに当たります．ディープラーニングのように何層にもわたり，多くのニューロンが配置されるような大きなネットワークでは，求めるべき重みパラメタが多くなり学習は大変になるものの，基本的な学習の仕方についてはネットワークの大小によらず変わりません．

以降では，ニューラルネットワークの学習の方法を確認するために，小さいネットワークを例に説明していくことにします．

CHAPTER 5.2 3層構造のフィードフォワードニューラルネットワーク

本書で扱っている企業の信用力に関するデータは，安全性指標と流動性指標の2つの指標（学習データ）と，信用力の有無に関する1つの分類指標（教師データ）で構成されています．

第1層には2つの指標のデータを入力するためのユニットをそれぞれ配置します．これを**入力層**と呼びましょう．第2層は演算処理のためだけの層であるので，学習データと教師データのいずれにも表面的には関係しないため**隠れ層**と呼びます．第3層は分類結果を受け取るための層なので**出力層**と呼び，ユニットを1つ配置します．いま，隠れ層のユニットを4つとした時の3層構造のフィードフォワードニューラルネットワークを図5.3に示します．

以下では，入力層の2つのユニットからの出力を $\{i_1, i_2\}$，隠れ層の4つのユニットからの出力を $\{h_1, h_2, h_3, h_4\}$，出力層のユニットの出力を $\{o_1\}$ と記しましょう．

5.2 3層構造のフィードフォワードニューラルネットワーク

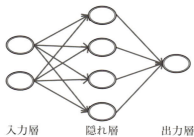

図 5.3 3層構造のフィードフォワード
ニューラルネットワーク

　入力層の各ユニットからはデータから読み取った値がそのまま出力されます．隠れ層の j 番目のユニットに入力される信号は，入力層の2つのユニットからの出力に重みを乗じた値とそのユニットに固有の信号（定数項の値）の和として，次のように表せます．

$$\sum_{k=1}^{2} w_{kj} i_k + w_{0j} = w_{1j} i_1 + w_{2j} i_2 + w_{0j}$$

ただし，入力層 i 番目のユニットから隠れ層 j 番目のユニットへの入力信号にかかる重みを w_{ij} とし，隠れ層 j 番目のユニットの定数項の重みを w_{0j} としています．したがって，隠れ層の j 番目からの出力信号 h_j は，

$$h_j = f\left(\sum_{k=1}^{2} w_{kj} i_k + w_{0j}\right) \tag{5.1}$$

と表現できます．

　出力層への入力信号は，隠れ層 j 番目のユニットからの出力信号 h_j にかかる重みを w_{jo} とし，定数項の重みを w_{0o} とすると，

$$\sum_{j=1}^{4} w_{jo} h_j + w_{0o} = w_{1o} h_1 + w_{2o} h_2 + w_{3o} h_3 + w_{4o} h_4 + w_{0o}$$

と表せるので，最終的な出力信号 o_1 は，（5.1）を用いれば

$$o_1 = f\left(\sum_{j=1}^{4} w_{jo} \left(f\left(\sum_{k=1}^{2} w_{kj} i_k + w_{0j}\right)\right) + w_{0o}\right)$$

と示すことができます．

　学習によって推定すべきパラメタは，4つの隠れ層への入力信号にかかる12の重み

$$\begin{pmatrix} w_{01} \\ w_{11} \\ w_{21} \end{pmatrix}, \begin{pmatrix} w_{02} \\ w_{12} \\ w_{22} \end{pmatrix}, \begin{pmatrix} w_{03} \\ w_{13} \\ w_{23} \end{pmatrix}, \begin{pmatrix} w_{04} \\ w_{14} \\ w_{24} \end{pmatrix}$$

と，出力層への入力信号にかかる5つの重み

$$\begin{pmatrix} w_{0o} \\ w_{1o} \\ w_{2o} \\ w_{3o} \\ w_{4o} \end{pmatrix} \tag{5.2}$$

を合わせた17の重みになります．

　各ユニットでの固有の入力（定数項）の存在に気を付けましょう．図5.3において，ユニットに入り込む矢印の数に1つ加えた分だけ重みが存在します．出力層での重み（5.2）では隠れ層からの入力信号4に1つ加えた計5つになっています．

　なお，本節で紹介したニューラルネットワークは第4章で紹介したロジスティック回帰モデルと同じく，ロジスティックシグモイド関数を用いて2値分類問題を解く手法です．両者の関係は次のようになっていることを，フィードフォワードニューラルネットワークの図を見ながら確認してください．

> **ニューラルネットワークとロジスティック回帰モデルの関係**
> ロジスティックシグモイド関数を出力関数とし，隠れ層がないフィードフォワードニューラルネットワークはロジスティック回帰モデルに一致します．

ここまで，ニューラルネットワークにおけるそれぞれの層とユニットの繋がり方を確認してきました．次に，重みの推定方法について考えていきましょう．

CHAPTER 5.3 重みの推定方法 〜誤差逆伝播法〜

本書の目的には機械学習の仕組みを学ぶことも含まれているので，ニューラルネットワークの重みを推定する方法として有名な**誤差逆伝播法**（バックプロパゲーション法）の考え方を述べておきましょう．なお，合成関数の微分公式と偏微分を利用するため，初学者は本節を読み飛ばすか，流れを眺めるにとどめても問題ありません．

ここでの目標は，出力層からの出力信号 o について，教師データである y との差を最も小さくするような重みを見つけることにあります．両者の差の二乗である

$$E = \frac{1}{2}(o - y)^2$$

を最小化することを目的としましょう．重みの値は一度に全て求められるわけではなく，1つの重みを求めては次の重みの値を更新する作業を繰り返すことになります．

まずは，隠れ層から出力層に入力される信号にかかる重み w_{jo}, ($j=0$, 1, …, 4) の更新方法を考えます．

$$\frac{\partial E}{\partial w_{jo}} = \frac{\partial E}{\partial o}\frac{\partial o}{\partial w_{jo}} \tag{5.3}$$

いま，前半部分の偏微分は

$$\frac{\partial E}{\partial o} = \frac{\partial}{\partial o}\frac{1}{2}(o-y)^2 = (o-y) \tag{5.4}$$

と計算でき，出力信号と教師データとの差になります．次に，後半部分の偏微分を考えましょう．いま，出力信号は

$$o = f\left(\sum_{j=1}^{4} w_{jo}h_j + w_{0o}\right)$$

です．また，出力関数はロジスティックシグモイド関数，$f(x) = \dfrac{1}{1+e^{-x}}$ であるため，

$$\frac{\partial f}{\partial x} = \frac{e^{-x}}{(1+e^{-x})^2} = \frac{1}{1+e^{-x}}\frac{e^{-x}}{1+e^{-x}}$$
$$= \frac{1}{1+e^{-x}}\left(1 - \frac{1}{1+e^{-x}}\right) = f(x)(1-f(x))$$

であることを利用すれば，

$$\frac{\partial o}{\partial w_{jo}} = \frac{\partial}{\partial w_{jo}}f\left(\sum_{j=1}^{4} w_{jo}h_j + w_{0o}\right)$$
$$= h_j f\left(\sum_{j=1}^{4} w_{jo}h_j + w_{0o}\right)\left(1 - f\left(\sum_{j=1}^{4} w_{jo}h_j + w_{0o}\right)\right)$$
$$= h_j o(1-o) \tag{5.5}$$

と計算できます．

以上の通り，(5.4) と (5.5) より，隠れ層から出力層への入力信号にかかる重み w_{jo} の勾配は，

$$\frac{\partial E}{\partial w_{jo}} = (o-y)h_j o(1-o) \tag{5.6}$$

と計算できます．(5.6) を利用すれば，誤差関数を小さくするための重み w_{jo}，$(j=0, 1, \cdots, 4)$ を更新することができます．イメージとしては，図 5.4 の通り，出力ユニットへの入力信号にかかる重みを一つ一つ学習させていきます．なお，図 5.4 は簡略化のために定数項を省いて描いています．

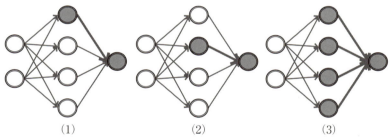

図 5.4 誤差逆伝播法の第 1 段階．出力ユニットへの入力信号に対する重みの決定：出力ユニットに流れ込む信号にかかる重みを 1 つずつ決めていき (1)，(2)，直接出力ユニットにつながる部分の重みをすべて決めます (3)

次に，入力層の第 k ユニットから隠れ層の第 j ユニットへの信号にかかる重み w_{kj} の更新について考えましょう．目的関数は先ほどと変わらず誤差関数 E です．したがって，w_{kj} の更新については次のように記述できます．

$$\frac{\partial E}{\partial w_{kj}} = \frac{\partial E}{\partial o}\frac{\partial o}{\partial h_j}\frac{\partial h_j}{\partial w_{kj}} = (o-y)\frac{\partial o}{\partial h_j}\frac{\partial h_j}{\partial w_{kj}} \tag{5.7}$$

ここで，第 1 番目の偏微分については (5.4) を用いて書き換えました．

さて，第2番目の偏微分についてはロジスティックシグモイド関数の微分を用いれば，

$$\frac{\partial o}{\partial h_j} = \frac{\partial}{\partial h_j} f\left(\sum_{j=1}^{4} w_{jo} h_j + w_{0o}\right) = w_{jo} o(1-o)$$

と計算できます．続いて第3番目の偏微分について考えましょう．隠れ層の出力信号である h_j は，

$$h_j = f\left(\sum_{k=1}^{2} w_{kj} i_k + w_{0j}\right)$$

であることを思い返せば，

$$\frac{\partial h_j}{\partial w_{kj}} = \frac{\partial}{\partial w_{kj}} f\left(\sum_{k=1}^{2} w_{kj} i_k + w_{0j}\right) = i_k h_j (1 - h_j) \tag{5.8}$$

と計算できます．以上をまとめれば，w_{kj} の更新については，

$$\frac{\partial E}{\partial w_{kj}} = (o - y) w_{jo} o(1 - o) i_k h_j (1 - h_j) \tag{5.9}$$

を利用すればよいことが分かります．

　重みの更新方法手順としては，(5.6) を利用して隠れ層の第 j ユニットから出力層のユニットへの入力信号にかかる重み w_{jo} を更新したのちに，(5.9) を利用して入力層の第 k ユニットから隠れ層の第 j ユニットへの入力信号にかかる重み w_{kj} を更新することになります．このように，出力層に近い重みから更新させていくため，逆伝播という言葉が用いられています．

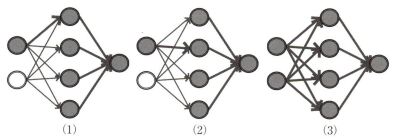

図 5.5 誤差逆伝播法の第 2 段階．隠れ層のユニットへ入力する信号にかかる重みの決定：誤差逆伝播法の第 1 段階を終えているため，出力ユニットに流れ込む信号にかかる重みはすべて決定しています．そこで，隠れ層のそれぞれのユニットに流れ込む信号にかかる重みを 1 つずつ決めていき (1)，(2)，すべての重みが決定されます (3)

CHAPTER 5.4 R によるニューラルネットワークの推定

　R でニューラルネットワークを扱うためにはパッケージ nnet を利用します．このパッケージでは，隠れ層が 1 層のモデルを扱うことができます．パッケージを読み込むためには，次のように入力しましょう．

```
> library(nnet)
```

　これで，ニューラルネットワークを実行するための関数 nnet を利用する準備ができました．なお，関数 nnet の利用法は，次の通りです．

```
nnet(モデル式, data=扱うオブジェクト, size=隠れ層のユニット数, maxit=最大の繰り返し演算数)
```

モデル式の記述方法は，これまでに利用してきた線形回帰モデル lm,

線形判別分析 lda，ロジスティック回帰モデル glm，と同じです．ただし，2値の分類問題を扱う場合には，被説明変量をファクタ型にしておく必要があります．また，重みの決定に際しては，繰り返し演算を行います．そこで，重みを決定するまでに最大で何回まで繰り返すかを決める引数 maxit に最大数を指定します．もしも，maxit に値を与えずに省略した場合には最大繰り返し数は 100 がセットされます．それでは，ニューラルネットワークによる分析を行ってみましょう．

ニューラルネットワークでは乱数を用いて学習を進めているため，nnet を実行させるたびに結果が異なる場合があります．以下で用いる関数 **set.seed** は乱数を発生させる種を指定する関数です．乱数は，種の値を基準として数をランダムに発生させるので，種が同じであればいつでも同じ乱数の組を得られることになります．

```
> set.seed(1000)
> result.nnet=nnet(as.factor(Status)~., data=Data,size=4)
# weights:  17
initial  value 64.150614
iter  10 value 23.720922
iter  20 value 15.730659
iter  30 value 13.822347
iter  40 value 12.223823
iter  50 value 11.834535
iter  60 value 10.609816
iter  70 value 10.318616
iter  80 value 10.200036
iter  90 value 10.004288
iter 100 value 9.985832
final   value 9.985832
stopped after 100 iterations
```

引数の maxit に何も指定していない場合には，最大 100 回まで繰り返し演算を行いますが，出力結果の末尾に stopped after 100 iterations と記載されている通り，最適な重みが見つかる前に繰り返し数の上限に達してしまいました．そこで，最大繰り返し数を 500 回まで増やしてみましょう．

5.4 Rによるニューラルネットワークの推定

```
> set.seed(1000)
> result.nnet=nnet(as.factor(Status)~., data=Data,size=4, maxit=500)
# weights:  17
initial  value 64.150614
iter  10 value 23.720922
iter  20 value 15.730659
iter  30 value 13.822347
iter  40 value 12.223823
iter  50 value 11.834535
iter  60 value 10.609816
iter  70 value 10.318616
iter  80 value 10.200036
iter  90 value 10.004288
iter 100 value 9.985832
iter 110 value 9.910832
iter 120 value 8.793223
final  value 8.762881
converged
```

分析結果の出力では，最後に converged と表示されているので，正常に解が求まりました（解が収束しました）．

それでは，当てはめた結果の詳細を確認してみましょう．ニューラルネットワークによる分析結果を収めたオブジェクトである result.nnet に対して関数 summary を適用させます．

```
> summary(result.nnet)
a 2-4-1 network with 17 weights
options were - entropy fitting
   b->h1    i1->h1    i2->h1
 1877.49 -3266.40 -2660.13
   b->h2    i1->h2    i2->h2
 2415.31 -2908.79 -2922.72
   b->h3    i1->h3    i2->h3
  -45.14   -28.98   -12.45
   b->h4    i1->h4    i2->h4
 2259.12 -3144.69  -148.12
    b->o     h1->o    h2->o    h3->o    h4->o
 -361.26   146.04   224.78   161.35   138.33
```

合計 17 の重みの値が得られます．

分析結果を用いた予測値を得るには result.nnet に対して関数 predict を適用します．

```
> predict(result.nnet)
        [,1]
1   1.0000000
2   0.8636440
3   1.0000000
4   1.0000000
5   1.0000000
6   1.0000000
7   1.0000000
8   0.8636440
        :
        :
82  0.8636440
83  0.0000000
84  0.0000000
85  0.0000000
86  0.0000000
87  0.0000000
```

分類の問題を解くニューラルネットワークでは，出力ユニットからの出力信号にロジスティックシグモイド関数が適用されており，予測値は信用力があるグループに属する確率値として得られます．

今回も 50%以上のものを信用力があると判定するとしましょう．関数 round を用いて小数点第 1 位を四捨五入した値と教師データとを比較してみましょう．

```
> table(round(predict(result.nnet)), Data[,1])
    
      0  1
  0  20  0
  1   3 64
```

ニューラルネットワークによる分析では，教師データ上で信用力があるとされている企業についてはすべて正しく予測されていることが分かります．また，教師データ上では信用力がないとされている企業 23 のう

ち，20の企業は正しく分類できていますが3の企業で誤って信用力があると判断してしまっています．合計すると，全87企業中，誤って分類してしまった企業は3ですので，誤分類率は3.45%と非常に小さく，よく分類できていることが分かります．

このようにニューラルネットワークによる分析は，非常に強力な分類手法となっているように思えます．しかしながら，ロジスティック回帰モデルによる分類では，それぞれの説明変数についての考察（例えば安全性指標の値が大きくなることによって信用力が低下するなど）が可能でしたが，ニューラルネットワークでは重みが多く説明変数の値がどのように出力結果に影響を与えているかを確認しづらいという特徴があります．

このことは，機械に学習させるということを，単に分類・判断を機械に任せて結果さえ得られれば良いと捉えれば，問題はないとも考えられます．しかしながら，当てはめたモデルの解釈が難しくなっている点は欠点ともいえるでしょう．

モデルの解釈を行い難いという点に通じますが，隠れ層のユニット数を等しくしていても，初期値の与え方によって結果が容易に変わってしまうことにも注意を払う必要があります．

以下に乱数の種を変更した場合の分析例をいくつか示します．分析結果が変わっていく様子を確認していきましょう．

```
> set.seed(5000)
> result.nnet=nnet(as.factor(Status)~., data=Data,size=4, maxit=500)
# weights:  17
initial  value 54.573197 
iter  10 value 15.222100
iter  20 value 13.887492
iter  30 value 13.574764
iter  40 value 12.979826
iter  50 value 12.884227
iter  60 value 12.844503
iter  70 value 12.288906
final  value 12.285039 
converged
```

```
> summary(result.nnet)
a 2-4-1 network with 17 weights
options were - entropy fitting
  b->h1   i1->h1   i2->h1
 -17.29   -72.18    -7.72
  b->h2   i1->h2   i2->h2
 495.81  -862.28  -699.38
  b->h3   i1->h3   i2->h3
 268.65  -319.21  -321.69
  b->h4   i1->h4   i2->h4
 -15.55   -43.36    -3.82
   b->o    h1->o    h2->o    h3->o    h4->o
-114.85    10.83    93.62   116.18    10.11
>  table(round(predict(result.nnet)),Y)
    Y
     0  1
  0 18  0
  1  5 64
```

正常に解が求まるまでの繰り返し数が70程度となり，先ほどの分析よりも解は早く収束しました．しかし，分析結果からの得られる予測値と教師データを比較してみると，誤って分類した企業数が5になっており，分類精度が悪くなっています．

次の例を確認してみましょう．

```
> set.seed(90)
> result.nnet=nnet(as.factor(Status)~., data=Data,size=4, maxit=5000)
# weights:  17
initial   value 52.098907
iter  10 value 21.179536
iter  20 value 14.666212
         :
         :
iter1260 value 0.000099
final    value 0.000099
converged
> summary(result.nnet)
a 2-4-1 network with 17 weights
options were - entropy fitting
  b->h1   i1->h1   i2->h1
 -19.16   -15.25    -3.16
  b->h2   i1->h2   i2->h2
  57.93   -69.57   -71.27
```

```
  b->h3    i1->h3   i2->h3
  35.24    -33.79  -128.67
  b->h4    i1->h4   i2->h4
 -41.88     46.68   154.11
   b->o     h1->o    h2->o    h3->o    h4->o
  42.66    -24.82   108.50   -97.03  -102.83
> table(round(predict(result.nnet)),Y)
   Y
     0  1
  0 23  0
  1  0 64
```

解が収束するまでに 1260 回程度費やしており，収束は遅くなってしまいました．しかしながら，分類結果と教師データを比較してみると，信用力が十分な企業とそうでない企業を完全に分類できています[21]．

ここまで説明してきたように，ニューラルネットワークを用いることで，よく分類の問題を解けることが確認できました．しかしながら，<u>説明変量と出力結果との関連性を読み取ることが難しいこと，乱数によって結果が変化することなど，その利用には十分な注意を払う必要があります</u>．

CHAPTER 5.5 ディープラーニングへの入口

本章の最後に，最近流行しているディープラーニングについて簡単に説明しておきましょう．

データの量が十分にあるにもかかわらずニューラルネットワークによる学習が不十分だった場合，通常はネットワークを大きくすることで問

---

[21] 念のために述べておくと，解の収束の速さと分類精度には特に関係はありません．

題の解決を図ります．ネットワークを大きくするには3層構造のままユニット数を増やす，または，層の数を増やすことが考えられます．隠れ層を2層以上に増やしたフィードフォワードニューラルネットワークの一種であるディープラーニングは，後者の方法でネットワークを大きくしていることになります．

　第5.2節では，2-4-1の3層構造のフィードフォワードニューラルネットワークを考えました．このときは，すべてで17個の重みの推定が必要となりました．ここで，隠れ層のユニット数を8とした，2-8-1のフィードフォワードニューラルネットワークを考えてみましょう．入力層の2つのユニットから，隠れ層の8つのユニットへの入力に関する重みを重みは24，隠れ層から出力層への重みを考えると9であるため，合計で33個の重みがあります．ユニット数を4つ増やしただけですが，推定対象となる重みの数は16個も増えました．図5.6には，2-8-1のフィードフォワードニューラルネットワークの模式図を描いています．

　一方で，同じ4ユニット増やす場合でも，隠れ層に並列にユニットを増やすのではなく，層を増やしてみましょう．すなわち，2-4-4-1のフィードフォワードニューラルネットワークを考えます．便宜上，入力層を第1層として，順次，第2層，第3層，第4層と呼びましょう．第1層から第2層への入力信号にかかる重みの数は，第2層の各ユニットの定

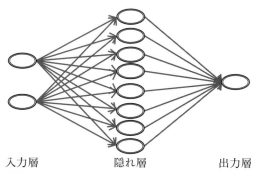

入力層　　　隠れ層　　　出力層

図5.6 隠れ層の数を増やした3層構造のフィードフォワードニューラルネットワーク

5.5 ディープラーニングへの入口

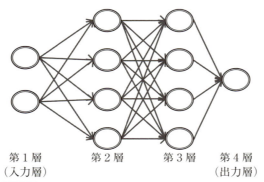

第1層　第2層　第3層　第4層
(入力層)　　　　　　　　(出力層)

図 5.7 層を増やした 4 層構造のフィードフォワードニューラルネットワーク

数項も含めると 12 になります．第 2 層から第 3 層への入力信号にかかる重みの数は，それぞれの層のユニット数が 4 であるため，第 3 層のユニットの定数項を含めて 20 になります．最後に，第 3 層から第 4 層への入力信号にかかる重みの数は 5 であるため，すべてを合計すると 37 の重みを推定する必要があります．

2-4-1 のフィードフォワードニューラルネットワークの重みが 17 であったことに比べると，それぞれのニューラルネットワークにおいてもユニット数が 4 つ増えていますが，2-8-1 フィードフォワードニューラルネットワークのように，層の数を増やさずに並列にユニットを並べた場合は，重みの増加数が 16 でしたが，層の数を 1 つ増やした 2-4-4-1 フィードフォワードニューラルネットワークでは重みの数が 20 増えています．

はじめに用いたニューラルネットワークで期待する結果が得られなかった場合には，ユニット数を増やすことでネットワークを大きくしていくことが考えられますが，隠れ層のユニット数を増やしていくよりも，層を増やしていくほうが，より複雑で大きなネットワークを構築することが可能となります．その反面，推定すべき重みの数は格段に増えてしまいます．しかしながら，フィードフォワードニューラルネットワーク

の形を崩さなければ，出力ユニットから順次固定して重みを求める，誤差逆伝搬法を用いることが可能です．ただし，重みの数が増えた分だけ，計算量が格段に増えてしまうことには注意してください．

　ネットワークを大きくすることにより学習の精度は高まりますが，ディープラーニングではユニット数が増えるだけでなく層も増えるため，入力ユニットからの信号が出力結果に対して，どのように影響を与えているかを確認することは非常に困難になります．つまり，機械が学習した結果として各入力（説明変量）をどのように解釈して分類しているか分からないため，推測のために使う場合は，何の根拠もなしに機械の学習結果を信じるしかない状況になります．そもそも，機械学習の目的の一つとして，これまで人間が行ってきた仕事である物事の良し悪しの判断などを機械に任せることを掲げていたので，必ずしも機械が学習した仕組みを人間が理解する必要はないのかもしれません．しかも，ニューラルネットワークを利用すれば何かしらの解は得られますし，さらにネットワークを大きくしていくことで複雑な問題を解くことも理論的には可能です．しかしながら，判断を機械に任せることと判断の枠組み自体をブラックボックス化することは同義ではないので，自分が何かしらの解をとりあえず得たいだけなのか，それとも，どのような判断の枠組みによって解が導かれたかという仕組みまで知りたいのか，自分が取り組んでいる問題の目的をよく考えてから利用するように心がけてください．

付録:神経細胞(ニューロン)とニューラルネットワーク

本章の冒頭でニューラルネットワークは神経細胞(ニューロン)のシステムを模した数理モデルと紹介しました.しかしながら,ニューラルネットワークは進化を続けているために,本章で扱ってきたフィードフォワードニューラルネットワークを勉強したところで,本当の神経細胞のシステムとの関係を見出すことは難しいかもしれません.この付録では単純な初期のニューラルネットワークを紹介し,ニューラルネットワークと神経細胞のシステムとの関連性について簡単に述べたいと思います.

はじめに,神経細胞のシステムを簡単に説明しましょう.神経細胞システムでは多数のニューロンが存在しており,それぞれが繋がっています.ニューロンは他のニューロンから電気信号による刺激を受けていますが,あるニューロンが電気信号を送信するか否かは,そのニューロンが受けた刺激の合計が特定の閾値を超えたか否かで決められています.

初期のニューラルネットワークでは,ニューロンを模したユニットを導入し,ユニット間の刺激伝達については,あるユニットに入力された信号の合計が特定の閾値よりも大きかった場合に 1 を,それ以下であれば 0 を出力するように定義されています.つまり,あるユニットに n 個の信号が入力されるとき,各入力信号 x_i にかかる重み w_i と定数項の重み w_0 を用いれば,そのユニットへの刺激の合計は $\sum_{i=1}^{n} w_i x_i + w_0$ と表せます.第 5.1 節で示した式と形は同じですが,入力信号 x_i が 0 か 1 の 2 値しか取らない点に注意が必要です.ユニット固有の閾値を定数項の重みで読み替えれば,信号を送信するか否かは,刺激の合計が 0 以上か否かで判定されます.ここで,変数 z が 0 以上の時に 1,0 未満のときに 0 を取るような階段関数 $I(z)$ を利用すれば,あるユニットからの出力信号は

$$I\left(\sum_{i=1}^{n} w_i x_i + w_0\right)$$

と表すことができます.

　それでは簡単な例を用いて，ニューラルネットワーク上で，ユニットと重みがどのように構成されるのかを考えていきましょう．もっとも単純なニューラルネットワークの例として，図5.8のように，2つの入力ユニットと1つの出力ユニットのみをもつ単純なネットワークを導入します.

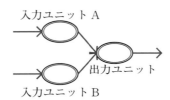

図5.8　単純なニューラルネットワークの例

　はじめに，論理積ANDを実現するようなニューラルネットワークを考えましょう．論理積とは，表5.1で示したように入力された2つの信号が双方とも1であった場合にのみ出力ユニットからの出力が1となり，入力のいずれか一方でも0である場合には0が出力される論理演算です．論理積は，図5.9に示したように出力ユニットの定数項の重みを-1.5に設定することで実現できます．いま，一方の入力ユニットにのみ値1の信号が入力され，他方が0の場合には，出力ユニットに入力される刺激の合計は，定数項の重みを考慮すると-0.5になるため，閾値0を超えられず出力ユニットからは0が出力されます．また，2つの入力ユニットに値が1の信号が入力されると，出力ユニットに入力される刺激の合計は定数項の重みを考慮すると0.5となり，閾値0を超えるため，出力ユニットからは1が出力されます.

　続いて，論理和ORを考えてみましょう．論理和は，表5.2で示したように入力のいずれか一方が1の場合に1が出力され，入力の双方ともに0のときだけ0が出力される論理演算です．論理和は，図5.10の通り，出力ユニットの定数項を-0.5とすれば実現できます．いずれかの入力

ユニットにのみ値1の信号を入力し，他方が0の場合には，出力ユニットに入力される刺激の合計は定数項の重みを考慮しても0.5となり0以上になるため，出力ユニットからは1が出力されることになります．もちろん，双方の入力ユニットに値1の信号が入力されれば，出力ユニットへの入力信号の合計は2，定数項の重みが-0.5であるので，刺激の合計は1.5で0以上となり，出力ユニットからは1が出力されます．

表 5.1 論理積 AND

入力 A	入力 B	出力
1	1	1
0	1	0
1	0	0
0	0	0

表 5.2 論理和 OR

入力 A	入力 B	出力
1	1	1
0	1	1
1	0	1
0	0	0

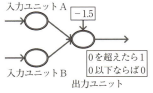

図 5.9 論理積のネットワーク

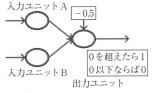

図 5.10 論理和のネットワーク

このように，論理積と論理和は，重みを工夫することで，単純なニューラルネットネットワークで構成できます．

次に，少し複雑な論理演算である排他的論理和 XOR を考えましょう．排他的論理和は，表5.3の通り，入力のいずれか一方のみが1のときだけ出力値が1となり，入力の双方が1，または，0のときに出力値が0になります．

実は，排他的論理和は図5.8で示した単純なニューラルネットワークでは構成することができません．初期のニューラルネットワークでは，図5.11の左図（a）のように，出力ユニットと同様に閾値によって信号の出力が制御される中間ユニットが導入されていました．

設定するウェイトについては図5.11の右図（b）に示しました．それ

表5.3 排他的論理和 XOR

入力A	入力B	出力
1	1	0
0	1	1
1	0	1
0	0	0

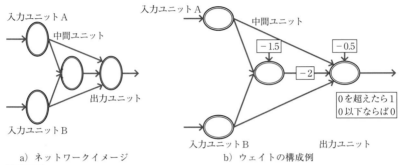

a) ネットワークイメージ　　b) ウェイトの構成例

図5.11 中間ユニットを考えたニューラルネットワークの例

では，排他的論理和を構成できているかを調べてみましょう．

はじめに，いずれか一方にのみ値1を入力し，他方を0とした場合を考えましょう．中間ユニットには合計1の刺激が伝わりますが，中間ユニットの定数項の重み-1.5を考慮すると，中間ユニットの刺激の合計は閾値0を超えることができず，中間ユニットは信号を送信しません．その結果，出力ユニットに伝わる刺激は，一方の入力ユニットから直接伝わる刺激のみとなり，その合計は1であるため出力ユニットの定数項の重み-0.5を考慮しても閾値0を超えるため，出力ユニットからは1の値が出力されます．

次に，入力ユニットA，Bともに1を入力した場合を考えましょう．中間ユニットには合計2の刺激が伝わり，中間ユニットの定数項の重み-1.5を考慮しても，刺激の合計は正の値を取るため，中間ユニットからは1の値が送信されます．しかし，中間ユニットから出力ユニットの経路には-2の重みがかかっているため，結果的に中間ユニットは-2

の刺激を出力ユニットに伝えます．他方，入力ユニットから出力ユニットに直接伝わる刺激の合計は2です．出力ユニットの定数項の重みは-0.5ですので，2つの入力ユニット，中間ユニットからの刺激を考慮すると，結果的に出力ユニットに伝わった刺激の合計は-0.5となるため，閾値0を超えることができず，出力ユニットからは信号が出力されません．

以上のように，中間ユニットを導入することで排他的論理和を表現できました．ただし，ここで示したニューラルネットワークは入力ユニットが中間ユニットを飛び越えて直接出力ユニットと繋がる経路があり，ネットワークの構成が複雑になっています．そこで，第5.2節で導入したような，3層構造の2-2-1フィードフォワードニューラルネットワーク（図5.12の左図（a）を参照）を用いて排他的論理和を構成してみましょう．

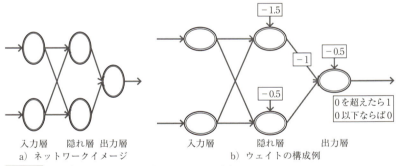

a）ネットワークイメージ　　　　b）ウェイトの構成例

図5.12　3層構造のニューラルネットワークの例

図5.12の右図（b）に，排他的論理和を実現する重みの例を示しましたので，確かめてみましょう．

はじめに，一方の入力が1，もう一方の入力信号が0の場合を考えます．隠れ層の上側のユニットへの入力信号の合計は1ですが，定数項の重みは-1.5であるため，当該ユニットへの刺激の合計は-0.5となり閾値0を超えておらず，このユニットからの出力信号の値は0となりま

す．一方で，隠れ層の下側のユニットへの入力信号の合計は同じく1ですが，当該ユニットの定数項の重みは−0.5であるため刺激の合計は0.5と正の値となり，出力ユニットに向けて値1の信号が送信されます．その結果，出力ユニットへの入力信号の合計は1となり，定数項の重みである−0.5を考慮しても正の値を取るため，出力ユニットからは値1の信号が出力されます．

次に，2つのユニットの両方に1の信号を入力した場合を考えましょう．隠れ層の上側のユニットへは，合計して値が2の信号が入力されるため，定数項の重み−1.5を考慮しても刺激の合計は0.5と正の値を取り，出力ユニットに向けて値1の信号が送信されます．隠れ層の下側のユニットへの入力信号の合計は2ですので，定数項の重み−0.5を考慮すると，刺激の合計は1.5と正の値となります．したがって，下側のユニットからも値が1の信号が送信されます．出力ユニットへの入力信号は，隠れ層の上側のユニットからの信号に対して重み−1がかかっているため，下側のユニットからの信号と合算すると，値が0となります．出力ユニットの定数項の重みは−0.5ですので，刺激の合計が負の値となり，出力ユニットから送信される信号の値は0となります．

以上のように，ネットワークの構成を複雑にすることで，排他的論理和のように少し複雑な論理演算を表現できました．こうした初期のニューラルネットワークでも，その構成を複雑にすれば，さらに複雑な問題を解き，2値の分類問題にも応用できそうですが，現在ではほとんど利用されていません．なぜなら，各ユニットの出力信号の形が，刺激の合計に階段関数を掛け合わせたものであるため，第5.3節で紹介した誤差逆伝搬法が利用した重みに関する微分演算が行えず，重みの推定が難しくなってしまうからです．そのため，現在では，ロジスティックシグモイド関数のように微分演算が行いやすい関数が採用されています．なお，ロジスティックシグモイド関数は0から1までの値を取るため，初期のニューラルネットワークで考えられた0と1しか出力しないユニットの考え方を拡張したとも考えられます．

CHAPTER 6

第6章

【実践編】
説明変量の追加と予測精度の評価

これまでは，分類問題，並びに分析手法についての説明を分かりやすくするために説明変数を2つに限定しており，そのおかげで線形判別分析，サポートベクターマシンは，平面上の点の分類の問題として考えることができました．しかしながら，説明変数が2つに限定されている必要はなく，もちろん，これまでに紹介した機械学習の手法は，3つ以上の説明変数をもつ分類の問題に対しても適用が可能です．

そこで本章では，説明変数の数を増やした問題について，これまでに説明した分類手法を用いて解いていきたいと思います．

6.1 説明変数を増やす

6.1.1 分類問題の再設定

これまで用いてきた企業の信用力を分類するための2つの指標に対して，さらに3つの指標：

- 収益性指標
- 支払能力指標
- 効率性指標

を加えた，合計5つの指標で企業の信用力を分類していきたいと思います．なお，5つの指標の計算方法については，表6.1に示しました．

指標名	構成法
収益性指標	経常利益÷総資産
安全性指標	総負債÷総資産
流動性指標	現金・預金÷総資産
支払能力指標	（営業利益＋受取利息）÷支払利息
効率性指標	棚卸資産÷売上高

表6.1 財務データで作成する5つの指標

オブジェクトのData.allには，企業の信用力を分類する教師データであるStatusと，5つの指標が格納されています．

```
> dim(Data.all)
[1] 87  6
> names(Data.all)
[1] "Status"   "収益性"    "安全性"    "流動性"    "支払能力"   "効率性"
```

定義に従って作成した5つの指標がどのような数値になるのかを調べてみましょう．教師データであるStatus，つまり，オブジェクトData.allの1列目を除き，5つの指標の数値の概要を調べましょう．数値の概要を調べるには関数summaryを利用します．関数summaryは分析結果の詳細を確認する際にも用いましたが，数値のみが格納されているオブジェクトに対して適用すると，平均値や中央値などの基本統計量を算出します．

```
> summary(Data.all[,-1])
     収益性              安全性            流動性            支払能力              効率性
 Min.   :-0.12253   Min.   :0.1793   Min.   :0.01004   Min.   :-1330.860   Min.   :0.001916
 1st Qu.: 0.02843   1st Qu.:0.3810   1st Qu.:0.05901   1st Qu.:    5.635   1st Qu.:0.045711
 Median : 0.05732   Median :0.4865   Median :0.10422   Median :   17.631   Median :0.111265
 Mean   : 0.05621   Mean   :0.5182   Mean   :0.12487   Mean   :   75.997   Mean   :0.165871
 3rd Qu.: 0.08236   3rd Qu.:0.6799   3rd Qu.:0.17258   3rd Qu.:   97.108   3rd Qu.:0.167129
 Max.   : 0.16656   Max.   :1.0199   Max.   :0.47540   Max.   :  907.400   Max.   :2.595265
```

表示される基本統計量は，最小値はMin.，最大値はMax.，中央値はMedian，平均値はMeanに表示されます．小さいところから25%の点を1st Qu.，大きいところから25%の点（小さいところから75%の点）を3rd Qu.で表示します．

表示された数値概要では，支払能力指標が他の変量と比べ，絶対値として非常に大きな値を取っていることが分かります．一般的に値が大きい変量に対しては対数変換を施すことが多いのですが，支払能力指数は0以下の値を取り得るために対数変換を施せません．そこで，負の場合

を考慮した対数変換，**負の対数変換** ngl（negative logarithmic transformation）を施します．

負の対数変換

$$\mathrm{ngl}(x) = \begin{cases} \log(1+x) & x > 0 \\ -\log(1-x) & x \leq 0 \end{cases}$$

負の対数変換を示す関数 $\mathrm{ngl}(x)$ は，変数 x が 0 のときには，$\mathrm{ngl}(0) = -\log(1) = 0$ となります．$x>0$ ならば，1 を加えた数での対数変換 $\mathrm{ngl}(x) = \log(1+x)$，$x<0$ ならば絶対値に 1 を加えた対数変換 $\mathrm{ngl}(x) = \log(1-x)$ にマイナスを付けた形になっており，原点 (0, 0) を中心にした点対称の形をとり，奇関数となっています．

それでは，支払能力指標に負の対数変換を施してみましょう．

```
> X1=Data.all[,5]
> Z1=rep(NA,length(X1))
> for(i in 1:length(X1)){
+ Z1[i]=if(X1[i]>0){log(1+X1[i])}else{-log(1-X1[i])}
+ }
```

1 行目では，オブジェクト X1 に支払能力指標をコピーしています．2 行目では，X1 と同じ長さで要素がすべて NA であるオブジェクト Z1 を用意します．Z1 には，これから計算する負の対数変換を施した結果を格納します．3 行目から 5 行目にかけては，X1 の要素を 1 つずつとり，値が正かそれ以外かを判定して負の対数変換を施した値を Z1 に代入していきます．

このコマンドをすべて実行することで，Z1 に負の対数変換を施した支払能力指標が格納されます．それでは，支払能力指標にのみ負の対数変換を施した，Data5 を作成しましょう．

```
> Data5=Data.all
> Data5[,5]=Z1
```

さらに負の対数変換の効果を確認します．はじめに，箱ひげ図を描画します．図 6.1 の左は支払能力指標，右は負の対数変換を施した支払能力指標の箱ひげ図です．左の支払能力指標の箱ひげ図からは大きく外れた値が点在している様子が分かります．一方で，右の負の対数変換を施した支払能力指標の箱ひげ図を確認すると，大きく外れた点はほとんどなくなり，値が 0 近辺に集まってきていることが分かります．

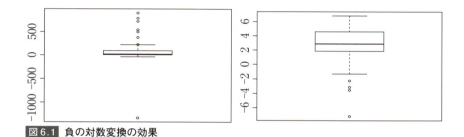

図 6.1 負の対数変換の効果

次に，支払能力指標に負の対数変換を施したオブジェクト Data5 の 5 つの指標の数値概要を確認しましょう．

```
> summary(Data5[,-1])
    収益性              安全性              流動性              支払能力            効率性
 Min.   :-0.12253   Min.   :0.1793   Min.   :0.01004   Min.   :-7.194   Min.   :0.001916
 1st Qu.: 0.02843   1st Qu.:0.3810   1st Qu.:0.05901   1st Qu.: 1.892   1st Qu.:0.045711
 Median : 0.05732   Median :0.4865   Median :0.10422   Median : 2.925   Median :0.111265
 Mean   : 0.05621   Mean   :0.5182   Mean   :0.12487   Mean   : 2.812   Mean   :0.165871
 3rd Qu.: 0.08236   3rd Qu.:0.6799   3rd Qu.:0.17258   3rd Qu.: 4.584   3rd Qu.:0.167129
 Max.   : 0.16656   Max.   :1.0199   Max.   :0.47540   Max.   : 6.812   Max.   :2.595265
```

他の 4 指標と比べて，最大値と最小値の絶対値が大きいのですが，極端に大きい値を取っておらずに，うまく補正することができました．

最後に，オブジェクト Data5 の中身を確認しておきましょう．

```
> Data5
    Status      収益性        安全性       流動性       支払能力      効率性
1        1  0.127836284  0.2690395  0.20507927  5.2070979  0.027024673
2        1  0.067072999  0.6316404  0.07903855  3.5880417  0.213001750
3        1  0.081074567  0.4407282  0.10157981  4.8935431  0.411639753
4        1  0.046502229  0.3105586  0.07752313  4.7483269  0.144956514
                                      :
                                      :
84       0  0.079465326  0.7187881  0.12123620  3.7178882  0.113388106
85       0  0.023861165  0.8376152  0.10422372  1.7149953  0.032035471
86       0  0.035135358  0.7148737  0.06282807  2.2247405  0.015021834
87       0  0.048570757  0.8307221  0.12409249  1.1840953  0.039270451
```

```
> dim(Data5)
[1] 87  6
> names(Data5)
[1] "Status"  "収益性"  "安全性"  "流動性"  "支払能力" "効率性"
> table(Data5$Status)

 0  1
23 64
```

dimの1つ目の要素は行数を返すので87の企業のデータであることが分かります．また，namesの表示を見て分かるようにData5には信用力の高低を示すStatus以外に，5つの指標が格納されています．加えてStatusに対する度数分布表から信用力が低い企業数が23，高い企業数が64あることも確認できます．

このオブジェクトData5を用いて，次節では前章までに紹介した4つの分類手法をData5に適用しつつ，分析上での注意点や，2指標で分類したときとの違いを確認していきます．

6.1.2 各分類法の適用

第3章では，説明変量が2指標のときの分類を考えました．説明変量が2つの場合には，それぞれの教師データを2次元平面上の点とみなし，

境界（直線）を引くことによって2つのグループに分割して分類の問題を解決しました．今回は説明変量が5つとなっているので，平面上の点を直線で分割するのではなく，5次元空間内の点をある平面で分割することになります．もちろん，5次元空間の点を人間がイメージすることは非常に困難ですので，視覚的な図示による考え方からは脱却する必要があります．それでは，説明変量を増やした場合の線形判別分析とサポートベクターマシンの2つの手法について考えていきましょう．

線形判別分析

説明変量が2指標の場合の線形判別分析では，平面上の点を2つのグループに分けるような直線を引くことで，分類を実行しました．説明変量が増えた場合でも線形判別分析の考え方は変わらず，2次元平面が5次元空間に置き換わっただけであり，分類を可能とする直線への射影を考えることも変わりません．そのため，説明変量の数が増えても，R上で線形判別分析を行う関数は変わらずldaになります．

それでは，オブジェクトData5について，線形判別分析を適用していきましょう．はじめに線形判別分析を実行する関数ldaを利用するために必要となるパッケージMASSを読み込みます．

```
> library(MASS)
```

次に，線形判別分析を実行します．関数ldaに与えるモデル式とオブジェクトが異なるだけで，その他は2つの説明変量のときと同じです．ここでは，5つの説明変量で線形判別分析を行いますので，結果を格納するオブジェクトをresult.lda5としましょう．

それでは，実際の入力内容と出力結果について確認しましょう．

```
> result.lda5=lda(Status~., data=Data5)
> result.lda5
Call:
```

```
lda(Status ~ ., data = Data5)

Prior probabilities of groups:
        0         1
0.2643678 0.7356322

Group means:
       収益性      安全性     流動性    支払能力    効率性
0 0.01234043 0.7570454 0.1441246 1.101418 0.2938310
1 0.07197185 0.4323989 0.1179445 3.426848 0.1198851

Coefficients of linear discriminants:
                 LD1
収益性     2.235009800
安全性    -7.207820145
流動性    -6.410134530
支払能力  -0.004830883
効率性    -0.312410103
```

説明変数を5指標に増やした場合の,信用力のある企業のグループ(グループ1)とそうでないグループ(グループ0)の分類についての線形判別分析の結果が表示されます.

説明変数の数によらず,線形判別分析の結果を用いた予測を得るためには,分析結果のオブジェクトresult.lda5に関数predictを適用します.第3.1.2節と同様に,教師データのグループによる箱ひげ図を確認しましょう.

教師データが格納されているオブジェクトData5の1列目の値をもとに,線形判別分析で得られた平面(判別面)へ射影した点の分布を箱ひげ図を通して眺めてみましょう.

```
> boxplot(split(predict(result.lda5)$x,Data5[,1]),col=grey(0.8))
```

上のように入力すると,図6.2で示した2つの箱ひげ図が得られます.

2つのグループの箱ひげ図は互いの領域の一部が重なってしまっているので,今回の線形判別分析でも完全に2つに分類できているわけではないことが分かります.

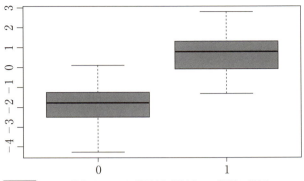

図6.2 5つの指標を用いた線形判別分析での分類の様子

続いて，予測結果と教師データとのクロス表を作成し，今回の線形判別分析による分類の結果を確認します．

```
> table (predict (result.lda5) $class, Data5$Status)

    0  1
 0 20  2
 1  3 62
```

精度の観点からは，教師データでは信用力のない企業（グループ0に属する点）が23であることに対し，正しく分類できた数は20，誤って分類した数は3です．一方，教師データでは信用力のある企業（グループ1に属する点）が64のうち，62の企業を正しく分類し，2企業を誤って信用力がないと分類しています．つまり，合計87の企業のうち，誤った分類をした企業数は5であり誤分類率は5.75％となります．つまり説明変量を2指標とした場合の分析結果と変わりありません（第3.1.2節の結果と比較してみましょう）ので，今回の線形判別分析に限って言えば，説明変量を追加した効果はなかったといえるでしょう．

ここまでで確認した通り，説明変量の数を変更しても，線形判別分析を用いるための入力内容に大きな変更はなく，関数ldaに与えるモデル式を修正すれば実行が可能だということが分かりました。しかしなが

ら，得られた分析結果からは，説明変量を増やした効果はなく，この枠組みで分類の精度を向上させるには，異なる指標を導入するなど，他の手段を考える必要があるようです．

線形判別分析を用いての分析はここまでにしておき，他の分類手法についても確認していきましょう．

サポートベクターマシン

続いて，新たなデータセットであるData5に対して，サポートベクターマシンを利用した分類を考えましょう．

サポートベクターマシンを利用するための関数ksvmでは，2つのライブラリを読み込みます．

```
> library(kernlab)
> library(mlbench)
```

さらに，説明変量を行列型，被説明変量をファクタ型にする必要があります．

```
> X=as.matrix(Data5[,-1])
> Y=as.factor(Data5[,1])
```

これでサポートベクターマシンを利用する準備が整いました．それでは，説明変量を5つにしたときのサポートベクターマシンによる分類を実行しましょう．

はじめに線形カーネルを利用したサポートベクターマシンで分析しましょう．分析結果はオブジェクトresult.svm5.vに格納します．また，線形カーネルを利用するためには，関数ksvmの引数kernelに"vanilladot"を指定します．

```
> result.svm5.v=ksvm(x=X,y=Y,type="C-svc",kernel="vanilladot")
 Setting default kernel parameters
> result.svm5.v
```

```
Support Vector Machine object of class "ksvm"

SV type: C-svc  (classification)
 parameter : cost C = 1

Linear (vanilla) kernel function.

Number of Support Vectors : 22

Objective Function Value : -17.4138
Training error : 0.08046
```

サポートベクターマシンでの分類結果にもとづく予測値を得るためには，説明変量を2指標にしていた際と同様に，サポートベクターマシンでの分析結果が格納されたオブジェクト result.ksvm5.v に関数 predict を適用します．予測結果と教師データを比較して，分類精度を確認しましょう．

```
> table(predict(result.svm5.v),Y)
   Y
    0  1
 0 18  2
 1  5 62
```

教師データでは，信用力がない企業数23，信用力がある企業は64となっています．サポートベクターマシンでの分類による予測値では，20の企業が信用力がなく，67の企業が信用力があると分類されました．そのうち，本来であれば信用力がないにもかかわらず，信用力があると分類してしまった企業数は5，一方で，本来信用力があるにもかかわらず信用力がないと分類された企業数は2になります．誤って分類した企業数は7となり，総企業数87に対する誤分類率は8.46%です．ここで，説明変量が2指標のときに誤って分類した企業数は6であり，誤分類率6.90%ですので，分類精度は悪くなっています（第3.2.4節での結果と比べましょう）．今回の問題では，説明変量を単純に増やしても分類の精度が向上せず，むしろ悪影響を及ぼしてしまった例となりました．

続いて，ガウシアンカーネルを用いたサポートベクターマシンで分類問題を解いてみましょう．ガウシアンカーネルを利用するためには，関数ksvmの引数kernelに"rbfdot"を指定します．

```
> result.svm5.r=ksvm(x=X,y=Y,type="C-svc",kernel="rbfdot")
> result.svm5.r
Support Vector Machine object of class "ksvm"

SV type: C-svc (classification)
 parameter : cost C = 1

Gaussian Radial Basis kernel function.
 Hyperparameter : sigma =  0.539374430828856

Number of Support Vectors : 48

Objective Function Value : -21.9788
Training error : 0.057471
```

先ほどと同様に，サポートベクターマシンでの分析結果を格納したオブジェクトresult.ksvm5.rに関数predictを適用し予測結果と教師データを比較して，分類精度を確認しましょう．

```
> table(predict(result.svm5.r),Y)
   Y
    0  1
  0 19  1
  1  4 63
```

ガウシアンカーネルを利用したサポートベクターマシンでの分類による予測値は，信用力のない企業数が20，信用力のある企業数が67であり，企業の分類数では線形カーネルを用いた場合と同じ数の分類になっています．しかしながら，教師データと比較すると，本来であれば信用力がないにもかかわらず，信用力があると分類してしまった企業数は4，他方，本来信用力があるにもかかわらず信用力がないと分類された企業数は1となり，誤って分類した企業数はそれぞれ1つずつ減り合計5で

す．したがって，総企業数87に対する誤分類率は線形カーネルのときよりも上昇し5.75％となりました．しかし，説明変量が2指標のときにガウシアンカーネルを利用したサポートベクターマシンの誤分類率4.60％よりも悪くなっている点には注意してください（第3.2.4節での結果と比べましょう）．

　ガウシアンカーネルを用いることで，線形カーネルを用いたサポートベクターマシンよりも分類精度は向上しましたが，いずれのカーネルを用いた場合でも，説明変量が2つの場合よりも分類を誤った企業数が増えてしまい，説明変量を単純に増やすことが分類精度の向上に寄与しませんでした．

　今回は説明変量を増やしたことで分類の精度は悪化しましたが，必ずしも説明変量を増やすことは悪いことではありません．しかしながら，何の考えもなしに説明変量を単純に増やすことは，必ずしも分類の精度の向上につながらない場合もあるということには，十分注意しなければなりません．

ロジスティック回帰モデル

　第4章で述べたようにロジスティック回帰モデルを利用するためには，関数 glm で引数 family に binomial を指定します．

```
glm(モデル式, data=オブジェクト名, family=binomial)
```

今回の分析では，使用するオブジェクトは Data5 であり，すべての説明変量，すなわち5つの指標を用いて分析を行います．分析を格納するオブジェクトを result.glm5 として，以下のように入力します．

```
> result.glm5=glm(Status~.,family=binomial,data=Data5)
```

　これで result.glm5 にはロジスティック回帰モデルによる，パラ

メタ推定結果が格納されました．それでは，実際に当てはめ結果を確認していきましょう．結果を格納した result.glm5 に対して関数 summary を適用することでロジスティック回帰モデルの当てはめ結果を確認することができます．

```
> summary(result.glm5)

Call:
glm(formula = Status ~ ., family = binomial, data = Data5)

Deviance Residuals:
     Min       1Q   Median       3Q      Max
-2.33844 -0.00001  0.05254  0.15541  1.78103

Coefficients:
            Estimate Std. Error z value Pr(>|z|)
(Intercept)  18.2888     5.2963   3.453 0.000554 ***
収益性        20.1928    32.5107   0.621 0.534526
安全性       -23.1580     6.6232  -3.496 0.000471 ***
流動性       -24.4337     9.0568  -2.698 0.006979 **
支払能力      -0.1482     0.4673  -0.317 0.751162
効率性        -7.8059     5.5468  -1.407 0.159349
---
Signif. codes:  0 '***' 0.001 '**' 0.01 '*' 0.05 '.' 0.1 ' ' 1

(Dispersion parameter for binomial family taken to be 1)

    Null deviance: 100.498  on 86  degrees of freedom
Residual deviance:  28.499  on 81  degrees of freedom
AIC: 40.499

Number of Fisher Scoring iterations: 8
```

有意水準を 5% として，係数の仮説検定の p 値を見ると，安全性と流動性を除いた 3 つの指標が「係数が 0」という帰無仮説を棄却できません．つまり，この 2 つ以外は統計的には意味のない変量ということになります．

次に 5 つの指標を用いたロジスティック回帰モデルによる予測値と教師データを比較してみましょう．予測値を得るためには，ロジスティッ

ク回帰モデルの推定結果が格納されたオブジェクト result.glm5 に対して関数 predict を適用します．さらに，第 4.2 節で定義した関数 sigmoid を適用することで，グループ 1 に属する確率に変換します．これまでの取り扱いと同様に 50％以上の確率をもつ企業はグループ 1 に属すると仮定することとし，小数点第 1 位を四捨五入するため関数 round を確率の計算結果に対して適用しておきます．

```
> xx=round(sigmoid(predict(result.glm5)))
```

ロジスティック回帰モデルの予測結果 x を用いた分類と実際の解答である教師データを比較したクロス表を確認してみましょう．

```
> table(x=xx, y=Data5[,1])
   y
x    0  1
  0 19  3
  1  4 61
```

5 つの説明指標を用いたロジスティック回帰分析による分類では，信用力がない企業数が 22，信用力がある企業数が 65 となりました．教師データと照らし合わせると，本来であれば信用力がないにもかかわらず信用力があると判断された企業数が 4，一方で信用力があるにもかかわらず信用力がないと判断された企業は 3 であり，全体で 87 の企業数のうち誤って判断される比率は 8.05％となり，説明変量を 2 指標としたロジスティック回帰分析よりも企業を誤って分類する比率があがっています（第 4.2 節の結果と比較してください）．

　一般には説明変数を増やしたほうが分類の精度が向上すると思われがちですが，サポートベクターマシンのときと同様，ロジスティック回帰モデルでもそうはなりませんでした．それでは今回の分類の問題を解くうえで，ロジステック回帰モデルにおける最適な説明変数の数はいったいいくつなのでしょうか？

幸い，Rによるロジスティック回帰モデルの当てはめでは，最適と思われる説明変量の数を自動的に調べる方法がいくつか用意されています．その中でも，今回は**赤池情報量規準（AIC）**という指標を用いた方法について紹介したいと思います．

　AICは，予測を行う観点から最適な説明変量の数を導き出すための強力なツールとなっています．特に説明変量をいたずらに増やすことに対して，一定の罰則が与えられるよう設計されているので，単純に説明変量が増えてしまうことも避けられます．

　実は，R上でロジスティック回帰分析を実行する関数glmを用いると，AICを計算してくれます．先ほどの出力結果の下から2行目に記された「AIC: 40.499」がそのAICの値となっています．AICは絶対的な量ではないので，40.499という値自体が適正なものか否かを判断することはできません．しかしながら，相対指標にはなっているので，モデル間でAICの値を比較すれば相対的に最も良いモデルは選択できます．なお，AICでは当てはまりのよいモデルほどAICの値は小さくなります．ちなみに説明変量を2指標としたときのロジスティック回帰モデルの当てはめ結果では「AIC: 37.249」と記されてます．この値は，先ほどの5指標を用いたロジスティック回帰モデルの当てはめ結果の「AIC: 40.499」よりも小さいため，5指標を用いるよりも2指標を用いたモデルのほうが良いモデルであるとAICの値から判断できます．

　これよりも当てはまりの良いモデルはあるのでしょうか？　RではAICを用いて，自動で良いモデルを選択する関数**step**が用意されています．まずはじめに，最も多くの説明変量でロジスティック回帰モデルを当てはめ，その結果が入っているオブジェクトを用意しておきます．その上で，

```
> step(結果を格納したオブジェクト, direction="backward")
```

と入力します．なお，引数 direction はモデル選択の方向性を定めており，"backward" とは説明変数を1つずつ除いていく方向でモデルを選択します．

今回は，5指標を用いたロジスティック回帰モデルの推定結果を含むオブジェクト result.glm5 に対して関数 step を適用します．

```
> result.step5=step(result.glm5,direction="backward")
Start:  AIC=40.5
Status ~ 収益性 + 安全性 + 流動性 + 支払能力 + 効率性

          Df Deviance     AIC
- 支払能力  1   28.606  38.606
- 収益性    1   28.943  38.943
<none>          28.499  40.499
- 効率性    1   30.507  40.507
- 流動性    1   39.471  49.471
- 安全性    1   61.775  71.775

Step:  AIC=38.61
Status ~ 収益性 + 安全性 + 流動性 + 効率性

          Df Deviance     AIC
- 収益性    1   29.007  37.007
- 効率性    1   30.566  38.566
<none>          28.606  38.606
- 流動性    1   39.507  47.507
- 安全性    1   62.043  70.043

Step:  AIC=37.01
Status ~ 安全性 + 流動性 + 効率性

          Df Deviance     AIC
<none>          29.007  37.007
- 効率性    1   31.249  37.249
- 流動性    1   39.724  45.724
- 安全性    1   96.332 102.332
```

はじめに記されている AIC=40.5 は，5つの指標をすべて採用した場合のロジスティック回帰モデルの AIC の値です．次に示されている部分を抜き出してみましょう．

```
          Df Deviance     AIC
- 支払能力   1   28.606   38.606
- 収益性    1   28.943   38.943
<none>         28.499   40.499
- 効率性    1   30.507   40.507
- 流動性    1   39.471   49.471
- 安全性    1   61.775   71.775
```

　ここでは，ある1つの指標を除いた場合のAICの値を計算しています．除いたほうが良い指標を上から順に表示しています．最も上に記されているように，支払能力を除いた場合が最もAICが小さくなり，その値は38.606となります．<none>は指標を除かない場合を指しています．それ以降の効率性，流動性，安全性のいずれかを除いた場合はAICが大きくなっており，モデルの当てはまりが良くなるどころか悪くなることを示しています．

　この段階を経たことにより，はじめの5つの指標を用いたモデルよりも，支払能力を除いた4つの指標を用いたモデルのほうが良いことが分かります．

```
Step:  AIC=38.61
Status ~ 収益性 + 安全性 + 流動性 + 効率性
```

次も同様に，4つの指標の中から1つを除いてみます．

```
          Df Deviance     AIC
- 収益性    1   29.007   37.007
- 効率性    1   30.566   38.566
<none>         28.606   38.606
- 流動性    1   39.507   47.507
- 安全性    1   62.043   70.043
```

　上に示したように収益性を除いたほうが良いことがAICの値から判断できます．ここまでで，先ほどの支払能力，今回の収益性を除いた3指標を採用したモデルが良いことが分かりました．

6.1 説明変数を増やす

```
Step:   AIC=37.01
Status ~ 安全性 + 流動性 + 効率性
```

さらに指標を除いたほうが良いかを確認しましょう．

```
        Df Deviance     AIC
<none>       29.007  37.007
- 効率性  1   31.249  37.249
- 流動性  1   39.724  45.724
- 安全性  1   96.332 102.332
```

何も除かない場合の <none> が1番上に表示されており，3つの指標のうち1つでも除いてしまうと AIC の値が増加します．つまり，指標を除くことではこれ以上モデルの当てはまりは良くならないことが分かります．

ここで AIC によるモデル選択が終了し，関数 step を用いた結果が result.step5 に格納されました．それでは，result.step5 の中身を確認してみましょう．これまでと同様に，関数 summary を適用すると結果を確認することができます．

```
> summary(result.step5)

Call:
glm(formula = Status ~ 安全性 + 流動性 + 効率性, family = binomial,
    data = Data5)

Deviance Residuals:
    Min       1Q   Median       3Q      Max
-2.37184  -0.00001  0.05388  0.20130  1.67411

Coefficients:
             Estimate Std. Error z value Pr(>|z|)
(Intercept)    19.637      5.060   3.881 0.000104 ***
安全性        -24.740      6.404  -3.863 0.000112 ***
流動性        -22.613      8.041  -2.812 0.004919 **
効率性         -8.017      5.391  -1.487 0.137022
---
Signif. codes:  0 '***' 0.001 '**' 0.01 '*' 0.05 '.' 0.1 ' ' 1
```

```
(Dispersion parameter for binomial family taken to be 1)

    Null deviance: 100.498  on 86  degrees of freedom
Residual deviance:  29.007  on 83  degrees of freedom
AIC: 37.007

Number of Fisher Scoring iterations: 8
```

最も良いとされたモデルは，安全性，流動性，効率性指標の3つを採用したモデルとなり，AICの値は37.007となっています．これは，安全性指標と流動性指標の2指標のモデルの時のAICの値37.249と比べても小さい値になっています．

それでは，この3指標によるロジスティック回帰分析の結果を用いた予測値と教師データを比較してみましょう．

```
> table(x=round(sigmoid(predict(result.step5))), y=Data5[,1])
   y
x    0  1
  0 19  3
  1  4 61
```

結論から言えば，5つの説明指標を用いたロジスティック回帰分析による分類とまったく同じ結果になり，2指標のみを用いた場合よりも分類精度が良くないことが分かります．

このようにこれまでのモデルでは，説明変数をいくら増やしても当てはまりは向上しないことが分かりました．これは言い換えればいくらビッグデータを持ってきても，薬どころか毒にしかならないことも多いということを意味します．

ニューラルネットワーク

最後にニューラルネットワークを用いた分類について確認しましょう．

説明変量として扱う指標が5つになったため，ニューラルネットワー

クの入力層のユニット数を 5 に増やします．隠れ層のユニット数については，ここでは 8 としておきましょう．出力層のユニットは 1 つであるので，すなわち，合計 14 のユニットがある 5-8-1 フィードフォワードニューラルネットワークを考えることになります．

重みの数はそれぞれの定数項も含めて 57 になり，先ほど第 5 章で考えた入力層のユニット 2，隠れ層のユニット 4，出力層のユニット 1 のときの重みである 17 と比べると，非常に大きなネットワークであることが分かります．

それでは，ニューラルネットワークを利用するためのパッケージを読み込みましょう．

```
> library(nnet)
```

ニューラルネットワークを利用するための関数 nnet に対して，データとして Data5 を与えます．また，隠れ層のユニット数は 8 ですので，それぞれ定められた引数に値を指定します．利用するデータを指定する引数は data，隠れ層のユニット数を指定する引数は size になります．また，関数 nnet で分類する場合には，被説明変数をファクタ型で与えておく必要があります．それでは，関数 nnet を用いてニューラルネットワークをあてはめ，その結果をオブジェクト result.nnet5 に格納しましょう．

```
> set.seed(5000)
> result.nnet5=nnet(as.factor(Status)~., data=Data5,size=8)
# weights:  57
initial  value 97.371233
iter  10 value 29.849949
iter  20 value 16.405123
iter  30 value 6.658434
iter  40 value 2.146142
iter  50 value 1.934456
iter  60 value 1.909605
```

```
iter   70 value 1.909544
final  value 1.909543
converged
```

今回は，70回超の繰り返しで重みの計算が収束しました．

それでは，ニューラルネットワークによる当てはめ結果を確認してみましょう．

```
> result.nnet5
a 5-8-1 network with 57 weights
inputs: 収益性 安全性 流動性 支払能力 効率性
output(s): as.factor(Status)
options were - entropy fitting
summary(result.nnet5)
a 5-8-1 network with 57 weights
options were - entropy fitting
   b->h1   i1->h1   i2->h1   i3->h1   i4->h1   i5->h1
 -703.85  -157.58   933.33   457.52    22.63  -171.30
   b->h2   i1->h2   i2->h2   i3->h2   i4->h2   i5->h2
 -233.27   -70.96   158.35   -13.39   234.18    33.49
   b->h3   i1->h3   i2->h3   i3->h3   i4->h3   i5->h3
  208.98   151.07  -507.46  -168.76   -49.98  -198.45
   b->h4   i1->h4   i2->h4   i3->h4   i4->h4   i5->h4
  -80.59   -31.31    82.29   -61.60   -36.91     4.56
   b->h5   i1->h5   i2->h5   i3->h5   i4->h5   i5->h5
 -128.22    42.00  -258.83     3.16    42.80   -41.22
   b->h6   i1->h6   i2->h6   i3->h6   i4->h6   i5->h6
 -131.22   -75.46   278.30   -27.89    49.10    10.89
   b->h7   i1->h7   i2->h7   i3->h7   i4->h7   i5->h7
  185.33    72.63  -185.10   265.42   -67.12   183.80
   b->h8   i1->h8   i2->h8   i3->h8   i4->h8   i5->h8
  689.63   146.03  -620.35  -523.94   -53.65   -28.27
    b->o    h1->o    h2->o    h3->o    h4->o    h5->o    h6->o    h7->o
  194.48  -561.54  -255.34   459.20  -105.47   -15.90   284.99  -385.09
   h8->o
  160.26
```

合計で57個の重みが計算できました．このニューラルネットワークによる結果を用いた予測値と教師データを比較してみましょう．

6.1 説明変数を増やす

```
> table(round(predict(result.nnet5)), Data[,1])
   
     0  1
  0 23  1
  1  0 63
```

ニューラルネットワークによって信用力がないと分類された企業数は24，信用力があると分類された企業数は63になります．教師データを比較してみると，本来信用力がないにもかかわらず信用力があるとされた企業数は0で完全に分類できています．一方で，本来信用力があるにもかかわらず信用力がないとされた企業数は1となっており，誤って分類してしまった企業数はわずか1，誤分類率は1.15％となりました．この結果は，これまでに確認してきたモデルのなかで最も良い予測結果となりました．

説明変数を5に増やした場合の分類問題においては，ニューラルネットワークによる分類が最も良い分類の精度を有していることが分かりました．しかしながら，どの説明変数が分類に有効であるのか，企業の信用力がそれぞれの指標によってどのように分類されるかなどは，この結果からは一切分からないという点には注意が必要です．これは，サポートベクターマシンを用いた場合にも同じことが言えます．

加えて，これまでに述べてきたような，モデルの当てはめに使ったデータ，学習データに対しての予測値の正否を論じるばかりでは，そのモデルの良さを正確に測れないことにも注意を払う必要があります．実務での利用を考慮してモデルによる予測を論じるならば，学習データによる分類精度だけでなく，学習用以外のデータでの分類精度も重要になります．この点については，次節で確認していきましょう．

CHAPTER 6.2 予測精度の評価

6.2.1 インサンプルとアウトサンプル

　これまで説明してきた学習に利用したデータを用いて予測することを**インサンプル**による予測と呼びます．一方，学習データによってモデルの未知パラメタの推定を行ったのちに，学習に利用しなかった他のデータについて予測を行うことを**アウトサンプル**の予測と呼びます．このアウトサンプルの予測を具体的に述べれば，線形判別分析，サポートベクターマシンであれば，学習データによって分類するための境界を求めたのちに，その境界を用いて新たなデータに対して分類の予測をすることを指します．ロジスティック回帰モデルでは，説明変量に掛かる係数などの未知パラメタを学習データで推定したのちに，新たなデータについての分類を予測すること，ニューラルネットワークでは学習データを用いて重みを求めたのちに，新たなデータを入力してどちらのグループに属するかを予測することを指します．

　なお，インサンプルによる予測，つまり学習データへの当てはめによって得られたパラメタの値とモデルをアウトサンプルに当てはめた際に，インサンプルの予測と同様な結果が得られるということは，アウトサンプルのデータがインサンプルのデータと同様の構造を持つということです．言い換えれば，インサンプルとアウトサンプルのデータに潜む構造が異なっていた場合には，インサンプルの予測がうまくいったとしてもアウトサンプルの予測はうまくいきません．また，インサンプルデータとアウトサンプルデータで共通の構造を有している場合でも，次の2つの場合にはアウトサンプルの予測はうまくいかないでしょう．1つは，インサンプルデータによる学習時に，インサンプルデータの構造をしっかりと説明できるようなモデルが得られなかった場合です．この場

合は，期待通りにインサンプルの予測ができていないため，アウトサンプルの予測に移る前に，分類法，モデルの再考が必要となります．もう1つは，インサンプルの予測は期待通りの精度を持っているにもかかわらず，アウトサンプルの予測が上手くいかない場合があります．これは，インサンプルデータによる学習時に，アウトサンプルとの共通の構造だけでなくインサンプルデータ固有の構造についても過剰に学習してしまったことが考えられます．これは，**過学習**，または**オーバーフィッティング**と呼ばれており，機械学習の実践の場では十分に気を付けなければなりません．特に，インサンプルの予測が上手くいかずモデルを改良する過程においては，過学習を引き起こしやすくなります．そのため，可能ならば，学習に用いるインサンプルデータとは別にアウトサンプルデータをあらかじめ用意しておき，インサンプルの予測の精度を上げる工夫をした際には，アウトサンプルの予測が悪くならないかを同時にチェックすることが望ましいです．

それでは，今回の企業の信用力に関する分類問題のデータについて，これまでに学習で用いてきたデータのほかに，アウトサンプルのデータを用いて，それぞれの予測精度について確認していきましょう．

ここで，アウトサンプルのデータとして，D5 を用意しました．

```
> dim(D5)
[1] 61  6
> names(D5)
[1] "Status" "収益性" "安全性" "流動性" "支払能力" "効率性"
> table(D5$Status)

 0  1
21 40
```

記録されている企業数と信用力の有無の内訳が異なる以外は，学習データである Data5 と同じ構造をしており，1つ1つの企業に対して，企業の信用力を示すラベルである Status と，5つの説明変数が記録されています．記録されている企業数は 61 であり，信用力がないとされる

企業は 21，信用力があるとされる企業は 40 となっています．なお，支払能力に関しては，事前に ngl 変換を施してあります．ここで，D5 の指標の数値概要を確認してみましょう．

```
> summary(D5[,-1])
    収益性              安全性            流動性             支払能力            効率性
 Min.   :-0.12577   Min.   :0.1642   Min.   :0.01497   Min.   :-7.933   Min.   :0.005525
 1st Qu.: 0.02466   1st Qu.:0.4172   1st Qu.:0.04918   1st Qu.: 1.564   1st Qu.:0.034567
 Median : 0.05089   Median :0.6213   Median :0.09718   Median : 2.390   Median :0.069997
 Mean   : 0.04853   Mean   :0.5787   Mean   :0.11423   Mean   : 2.625   Mean   :0.098465
 3rd Qu.: 0.07972   3rd Qu.:0.7361   3rd Qu.:0.15064   3rd Qu.: 3.840   3rd Qu.:0.142133
 Max.   : 0.15423   Max.   :0.9477   Max.   :0.41715   Max.   : 7.994   Max.   :0.498941
```

次にアウトサンプルの予測の求め方について説明しましょう．アウトサンプルの予測時には，すでにインサンプルの予測を終えています．つまり，学習データに対してモデルを当てはめた結果が得られています．例えば，前節で行ったように，学習データ Data5 に対して線形判別分析を当てはめた結果 result.lda5 がすでに得られていることを指しています．インサンプルの予測では，結果を示すオブジェクトに対して関数 predict を適用しました．アウトサンプルの予測では，結果を示すオブジェクトのほかに，アウトサンプルのデータを指定することになります．R 上では，関数 predict に対して，インサンプルデータにモデルを当てはめた結果を格納したオブジェクト名のほかに，引数 newdata にアウトサンプルデータのオブジェクト名を与えます．

```
predict(インサンプルデータにモデルを当てはめた結果を格納したオブジェクト名,
  newdata=アウトサンプルデータのオブジェクト名)
```

以降では，前節で説明した，5 つの説明変数をもつ分類問題に対して分類法を適用した結果を用いて，それぞれのアウトサンプルの予測を求め，予測の精度を確認していきましょう．

判別分析

学習データ Data5 に判別分析を当てはめた結果は result.lda5 に格納しました．判別分析では，学習データを用いて判別に用いる境界を求めています．アウトサンプルによる予測は，インサンプルデータより求めた境界線によってアウトサンプルデータに記録された企業がどちらのグループに分類されるかを確認することになります．

はじめに，result.lda5 を確認しましょう．

```
> result.lda5
Call:
lda(Status ~ ., data = Data5)

Prior probabilities of groups:
        0         1
0.2643678 0.7356322

Group means:
      収益性     安全性    流動性  支払能力    効率性
0 0.01234043 0.7570454 0.1441246 1.101418 0.2938310
1 0.07197185 0.4323989 0.1179445 3.426848 0.1198851

Coefficients of linear discriminants:
                  LD1
収益性    2.235009800
安全性   -7.207820145
流動性   -6.410134530
支払能力 -0.004830883
効率性   -0.312410103
```

学習データに対して判別分析を適用して得られた境界を用いて分類した結果（インサンプルによる予測結果）は，結果を格納した result.lda5 に対して関数 predict を適用すると，要素 class に出力されました．アウトサンプルによる予測結果についても，同様に要素 class に出力されます．つまり，関数 predict の引数に result.lda5 を指定し，アウトサンプルのデータを指定する引数 newdata に D5 を指定した場合の予測結果を得るためには次のように入力します．

```
> predict(result.lda5, newdata=D5)$class
```

　それでは，アウトサンプルによる予測結果を D5 のラベルである Status と比較したクロス表を作成し，アウトサンプルの予測の精度を確認しましょう．

```
> table(predict(result.lda5, newdata=D5)$class,D5$Status)

    0  1
 0 20  3
 1  1 37
```

　関数 table の第 1 引数にアウトサンプルの予測結果を設定しているため予測結果は横方向に，第 2 引数にアウトサンプルのラベルデータを設定しているためラベルデータは縦方向に示されています．アウトサンプルの予測により信用力がないと判断された企業数は 20 と 3 を合わせた 23 に対し，ラベルデータで信用力がない企業数は，20 と 1 を合わせた 21 になっています．予測精度の観点からは，ラベルデータで信用力がないとされている企業数 21 に対し，正しく分類できた数は 20，誤って分類した数は 1 です．一方，ラベルデータで信用力があるとして企業 40 のうち，37 の企業が正しく分類され，3 の企業が信用力がないと誤って分類されています．つまり，合計 61 の企業のうち，誤った分類をした企業数は 4 であり誤分類率は 6.57％になります．インサンプルの予測における誤分類率は 5.75％でしたので，今回の線形判別分析に限って言えば，アウトサンプルの予測はインサンプルの予測とほぼ同じ水準で分類できていると考えてよいでしょう．

サポートベクターマシン

　続いて，インサンプルデータに対しサポートベクターマシンを当てはめた結果を用いて，アウトサンプルの予測を考えましょう．

6.2 予測精度の評価

　本書では，サポートベクターマシンのカーネルとして，線形カーネルとガウシアンカーネルの2種類を取り扱ってきました．前節では，5つの説明変数をもつ学習データ Data5 に対して線形カーネルを用いたサポートベクターマシンを当てはめた結果を result.svm5.v に格納し，ガウシアンカーネルを用いたサポートベクターマシンを当てはめた結果を result.svm5.r に格納しました．はじめに，それぞれの当てはめ結果を確認しておきましょう．

　はじめに，線形カーネルを用いたサポートベクターマシンについてです．サポートベクターマシンを当てはめる関数 ksvm のうち，カーネルを指定する引数 kernel に線形カーネルを示す vanilladot を与えて分析しました．

```
> result.svm5.v
Support Vector Machine object of class "ksvm"

SV type: C-svc  (classification)
 parameter : cost C = 1

Linear (vanilla) kernel function.

Number of Support Vectors : 22

Objective Function Value : -17.4138
Training error : 0.08046
```

　続いて，ガウシアンカーネルを用いたサポートベクターマシンでは，関数 ksvm の引数 kernel にガウシアンカーネルを占める rbfdot を指定しました．

```
> result.svm5.r
Support Vector Machine object of class "ksvm"

SV type: C-svc  (classification)
 parameter : cost C = 1
```

171

```
Gaussian Radial Basis kernel function.
 Hyperparameter : sigma = 0.364504778510812

Number of Support Vectors : 44

Objective Function Value : -22.5459
Training error : 0.091954
```

　それぞれの当てはめ結果を用いてアウトサンプルの予測を行いましょう．はじめに，サポートベクターマシンを扱う場合，説明変数を行列型にする必要がありました．ここでは，アウトサンプルデータD5の説明変数部分，つまり，第1列目の要素を抜いたD5[,-1]の型を行列型に設定し，XXとしておきましょう．

```
> XX=as.matrix(D5[,-1])
```

　アウトサンプルの予測を得るためには，関数predictに対して，インサンプルデータを用いて学習した結果とアウトサンプルのデータを与える必要があります．ここでは，線形カーネルとガウシアンカーネルを用いたサポートベクターマシンを当てはめた結果，それぞれについて次のように入力することでアウトサンプルの予測が得られます．

```
> predict(result.svm5.v, newdata=XX)
> predict(result.svm5.r, newdata=XX)
```

　それでは，アウトサンプルの予測の精度について確認しましょう．はじめに線形カーネルを用いたサポートベクターマシンについてです．関数predictに対し，インサンプルデータを用いて学習した結果result.svm5.vと行列型に変換したアウトサンプルデータXXを与えて得られるアウトサンプルの予測と，アウトサンプルデータのラベルデータのクロス表を作成しましょう．

```
> table(predict(result.svm5.v, newdata=XX), D5$Status)
  
     0  1
  0 20  2
  1  1 38
```

線形カーネルを用いたサポートベクターマシンの分類について，アウトサンプルの予測結果を確認すると，信用力がない企業数は22，信用力がある企業数は39となりました．予測精度を確認するためにラベルデータと比較すると，ラベルデータでは信用力がないとされている企業数が21であることに対し，正しく予測された企業数は20，誤って予測された企業数は1です．一方，ラベルデータで信用力があるとされた企業が40であることに対し，正しく予測された企業数は38，誤って予測された企業数は2となります．アウトサンプルのデータでは，全部で61の企業が記録されていることに対して誤って予測された企業数は3であり，誤分類率は4.92％になります．インサンプルの予測では，総企業数87に対して誤って予測した企業数は7となり，誤分類率が8.46％であったので，アウトサンプルの予測はうまくいっていることが確認できました．

次にガウシアンカーネルを用いたサポートベクターマシンについて確認しましょう．ガウシアンカーネルを用いたサポートベクターマシンについてインサンプルデータを用いて学習した結果を格納した result.svm5.r を利用して得られるアウトサンプルの予測と，アウトサンプルデータのラベルデータのクロス表を作成しましょう．

```
> table(predict(result.svm5.r, newdata=XX), D5$Status)
  
     0  1
  0 18  1
  1  3 39
```

ガウシアンカーネルを利用したサポートベクターマシンでの分類によ

るアウトサンプルの予測では，信用力のない企業数が19，信用力のある企業数が42となりました．それでは，予測精度を確認するためにラベルデータと比較してみましょう．ラベルデータにおいて信用力がないとされている企業数21に対して，正しく予測された企業数18，誤って予測された企業数は3であり，ラベルデータで信用力があるとされている企業数40に対して，正しく予測できた企業数が39，誤って予測してしまった企業数が1になります．したがって，アウトサンプルの予測では4企業を誤って分類してしまったので，誤分類率は6.56%になります．インサンプルの予測では，総企業数87に対して誤って分類した企業数が5であり，誤分類率は5.75%でした．アウトサンプルの予測は，インサンプルの予測に比べて予測精度が若干悪くなっていますが，ほぼ同程度の水準であると考えられます．

今回のデータでは，アウトサンプルの予測において，ガウシアンカーネルよりも線形カーネルを用いたサポートベクターマシンのほうが予測精度が高いという結果が得られました．ただし，いずれのカーネルを用いても，インサンプルの予測とアウトサンプルの予測を含めても誤分類率は10%にも満たないので，よく分類できていると考えられます．

ここまで述べてきた，線形判別分析とサポートベクターマシンでは，インサンプルデータを用いて求めた分類境界を用いてアウトサンプルデータを分類しています．アウトサンプルの予測を行っても，改めて学習したわけではないので，分類境界は変わっていない点には注意してください．

ロジスティック回帰モデル

ここでは，学習データにロジスティック回帰モデルを当てはめた結果を用いて，アウトサンプルの予測を行いましょう．

前節では，5つの説明変数をもつ学習データ Data5 に対してロジスティック回帰モデルを当てはめた結果を result.glm5 に格納しました．分析結果の内容は以下の通りです．

6.2 予測精度の評価

```
> result.glm5

Call:  glm(formula = Status ~ ., family = binomial, data = Data5)

Coefficients:
(Intercept)         収益性         安全性         流動性       支払能力
    18.2888       20.1928       -23.1580      -24.4337       -0.1482
      効率性
    -7.8059

Degrees of Freedom: 86 Total (i.e. Null);  81 Residual
Null Deviance:      100.5
Residual Deviance: 28.5    AIC: 40.5
```

その一方で，AICによる説明変数の選択によると，今回のロジスティック回帰モデルでは，説明指標を5つ用いるよりも安全性指標，流動性指標，効率性指標の3つを用いたほうが良いモデルであることが示唆されました．この3つの説明変数を用いたモデルを当てはめた分析結果はresult.step5に格納しています．その内容は以下の通りです．

```
> result.step5

Call:  glm(formula = Status ~ 安全性 + 流動性 + 効率性,
    family = binomial, data = Data5)

Coefficients:
(Intercept)        安全性        流動性        効率性
    19.637      -24.740      -22.613       -8.017

Degrees of Freedom: 86 Total (i.e. Null);  83 Residual
Null Deviance:        100.5
Residual Deviance:  29.01         AIC: 37.01
```

ここでは，result.glm5 と result.step5 のそれぞれを用いてアウトサンプルの予測を確認します．はじめに，result.glm5 を用いて，アウトサンプルの予測の精度を考えましょう．関数 predict に対し result.glm5 とアウトサンプルデータの D5 を用いて作成したアウト

サンプルの予測とラベルデータによる分類のクロス表を作成しましょう．

```
> table( round(sigmoid(predict(result.glm5, newdata=D5))) , D5$Status)

    0  1
 0 20  4
 1  1 36
```

予測結果では，信用力がないとされる企業数が24，信用力があるとされる企業数が37になっています．ラベルデータに記録されている，本来信用力がない企業数21に対して，正しく予測された数は20，誤って予測された数は1になります．また，本来信用力がある企業数40に対して，正しく予測された数が36，誤って予測された数は4です．それぞれを合わせて，アウトサンプルの予測で誤って予測された企業数は5であり，誤分類率は8.20%になります．前節で得られたインサンプルの予測では，誤って予測した企業数は7，誤分類率は8.05%であったので，アウトサンプルの予測はインサンプルの予測と同程度の予測精度があったと考えられます．

続いて，説明変数を3つに減らした場合のアウトサンプルの予測について調べてみましょう．3つの説明変数を用いたロジスティック回帰モデルをインサンプルデータで学習した結果 result.step5 とアウトサンプルデータ D5 を関数 predict に与えることでアウトサンプルの予測が得られます．ラベルデータが収められた D5$Status とのクロス表を作成しましょう．

```
> table(round(sigmoid(predict(result.step5, newdata=D5))),D5$Status)

    0  1
 0 20  4
 1  1 36
```

得られた予測結果は，先ほど確認した説明変数を5つ用いた分析結果 result.glm5 を用いたものと全く同じになりました．つまり，AICに

よって選択された3つの説明変数をもつモデルにおいても，アウトサンプルの予測精度はインサンプルのものと同程度の水準を有していることが分かりました．加えて，今回のデータに対しロジスティック回帰モデルを当てはめる場合においては，5つの説明変数のすべてを用いる必要はなく3つで十分であることも確認できました．

ニューラルネットワーク

ニューラルネットワークを用いてアウトサンプルによる予測を行いましょう．本書では，説明変数が5つである学習データ Data5 に対して，隠れ層のユニット数を8に設定した5-8-1 フィードフォワードニューラルネットワークを適用しました．その分類結果は result.nnet5 に格納しました．

```
> result.nnet5
a 5-8-1 network with 57 weights
inputs: 収益性安全性流動性支払能力効率性
output(s): as.factor(Status)
options were - entropy fitting
```

この当てはめ結果 result.nnet5 を用いて，アウトサンプルデータ D5 に対する予測を確認しましょう．その他の分類法と同じく，関数 predict に対して当てはめ結果 result.nnet5 と引数 newdata に D5 を設定することで，アウトサンプルデータに記録された各企業に対し信用力があると判断される確率値が得られます．

```
> predict(result.nnet5,newdata=D5)
        [,1]
1  1.0000000
2  1.0000000
3  1.0000000
4  0.0000000
5  0.0000000
       :
       :
57 1.0000000
```

```
58 0.0000000
59 0.0000000
60 1.0000000
61 1.0000000
```

アウトサンプルによる予測値に対して，0.5 以上（50％以上）のものを信用力があると考えるため，関数 round を用いて小数点第 1 位を四捨五入し，1 のものを信用力がある企業と判断します．

それでは，アウトサンプルの予測結果とアウトサンプルデータのラベルデータのクロス表を作成して予測精度を確認しましょう．

```
> table(round((predict(result.nnet5, newdata=D5))), D5$Status)

    0  1
0  21  7
1   0 33
```

アウトサンプルの予測結果では，信用力がないと分類された企業数は 28，信用力があると分類された企業数は 33 になります．ラベルデータの分類と比較すると，本来信用力がないにもかかわらず信用力があるとされた企業数は 0 であり，インサンプルの予測と同じく完全に分類ができています．一方で，本来信用力があるにもかかわらず信用力がないとされた企業数は 7 となりました．インサンプルの予測では誤って分類した企業数は 1 であったことに比べると，誤分類数が大きく増えてしまったようにも思えます．アウトサンプルのデータ数は 61 であるので，誤分類率は 11.48％になります．インサンプルの予測における誤分類率 1.15％と比べて大きく上昇してしまいました．ニューラルネットワークでは，インサンプルデータでの学習時に過学習を起こしていたとも考えられます．

ここまでは，インサンプルの予測とアウトサンプルの予測について，それぞれで誤って分類してしまった数に注目して比較してきました．次節では，予測結果の比較について，単純に誤って分類した数を比べるだ

けでなく，異なる観点からの比較法について考えていきたいと思います．

6.2.2 データの意味を考えた予測の評価法

本節では，予測精度の評価において単純に誤って分類した数を数え上げるのではなく，データの意味を考えた評価法を紹介していきましょう．

本書で扱ってきた問題は，信用力がある，ないという2値の分類問題でした．そのため，ラベルデータも予測結果も2値のみをとるため，それぞれの組み合わせを考えると，表6.2のように2×2の4つの要素をもつ表が得られます．

		ラベルデータ	
		信用力がある	信用力がない
予測結果	信用力がある	要素 A	要素 B
	信用力がない	要素 C	要素 D

表6.2 2値分類問題のラベルと予測の関係

要素 A は，本来信用力があるとされている企業に対し，モデルを用いた予測結果も信用力があると判断された数を示しており，モデルによる予測が正しかった数を示しています．要素 D は，本来信用力がないとされている企業に対し，モデルを用いた予測結果も信用力がないと正しく判断された数を示しています．つまり，要素 A と要素 D を合わせた数が，モデルを用いた予測によって正しい判断がなされた企業数を示しています．一方で，要素 B と要素 C はモデルを用いた予測が正しくなかった企業数を示しています．

ここで，要素 B と要素 C では，誤って分類した企業を数え上げているという点では同じ性質であると考えられますが，厳密には，その誤り方が異なっているため，両者を区別して考えることにしましょう．はじめに，要素 B のように，本来信用力がないにもかかわらず，モデルに

よる予測では信用力があると誤って判断してしまうことを**第 1 種の誤り**と呼びましょう．続いて，要素 C のように，本来信用力があるにもかかわらず，モデルによる予測では信用力がないと判断してしまう誤りを**第 2 種の誤り**と呼び，それぞれの誤りを区別して議論を進めていきましょう．

　さて，誤り方を区別する利点はどこにあるのでしょうか？それは，2 種類の誤りの意味に軽重があり，いずれかの誤りを重視，または軽視するような立場をとる際に明らかになります．例えば，今回の企業の信用力の有無に関する判断の場合には，次のような立場が考えられます．信用力がない企業をピックアップする際に，本来信用力がない企業を見過ごさないという立場で臨む場合には，信用力がある企業を信用力がないと判断してしまう第 2 種の誤りを犯す数については甘く評価するとしても，信用力がない企業を見過ごしてしまうことを避けるために，第 1 種の誤りを厳しく評価するでしょう．その一方で，有望な企業を見つけるために，信用力がある企業を見逃さない立場であれば，第 1 種の誤りを甘く評価する一方で，第 2 種の誤りを厳しく評価することになります[*22]．

　以降では，この 2 種類の誤りについて確認を進めていくのですが，その前に R 上で出力したクロス表について注意すべき点があります．本書で取り扱っている分類問題は，R 上では，信用力がある企業のラベルを 1，信用力のない企業のラベルを 0 としています．つまり，これまでに例示してきた R 上で出力したクロス表は，表 6.3 のようになってい

[*22]
　さらに分かりやすい例としては，予備検診のような初期の疾病診断での応用が考えられます．初期の疾病診断では，本来罹患していない患者を病気であると診断してしまう誤り（第 1 種の誤り）については重要視せず，本来罹患してる患者を病気でないと見過ごしてしまう誤り（第 2 種の誤り）についてとりわけ厳しく評価することがあります．初期の疾病診断は最終診断ではなく，次の精密検査など更なる診断へ進むか否かを決めるためのものであるため，本来病気でない人を精密検査に掛けることのリスクよりも，本来病気である人を精密検査に掛けないリスクのほうが高いからです．

		ラベルデータ	
		信用力がある	信用力がない
予測結果	信用力がない	要素 D	要素 C
	信用力がある	要素 B	要素 A

表 6.3 R 上のクロス表の表示順

す．

　表 6.3 の表記のされ方が，表 6.2 とは異なっている点に十分に注意してください．具体的に異なる点を確認するために，表 6.3 と R 上でのクロス表の出力を対応させましょう．ここで，線形判別分析を用いたインサンプルの予測と教師データのクロス表は，次のように出力されていました．

```
> table(predict(result.lda5)$class,Data5$Status)

    0  1
 0 20  2
 1  3 62
```

　ここで，第 1 種の誤りの数は要素 B の数に対応しているため，左下の値 3 となります．また，第 2 種の誤りの数は要素 C の数に対応しているため，右上の値 2 であることが分かります．

同じデータの中で異なる分類法の予測精度の比較

　それでは，2 種類の誤りに注意しながら，インサンプル，アウトサンプルのそれぞれのデータの中で，異なる分類法によるそれぞれの予測精度の比較をしてみましょう．分類法は，線形判別分析，線形カーネルを用いたサポートベクターマシン，ガウシアンカーネルを用いたサポートベクターマシン，ロジスティック回帰モデル，ニューラルネットワークの 5 種類になります．なお，前節での分析を踏襲して，ロジスティック回帰モデルは AIC により選択された 3 つの指標を用いたモデルを採

用し，ニューラルネットワークは隠れ層のユニット数が8の5-8-1フィードフォワードニューラルネットワークを採用します．

はじめに，学習データであるインサンプルデータによる予測結果を比較しましょう．表6.4では，学習データ Data5 を用いて得られた予測結果のうち，第1種の誤りと第2種の誤りの数と誤りの総数を示しています．

単純に予測精度を比較する立場では，誤って分類した数の合計に注目すればよく，ニューラルネットワークを用いた場合が誤りの総数が1と最小であるため，最も良い予測精度を有していたと考えられます．線形カーネルを用いたサポートベクターマシンとロジスティック回帰モデルでは，誤って分類した総数が7と等しくなっていますが，前者では第2種の誤りを犯した数が2に対し第1種の誤りを犯した数が5と多くなっており，本来信用力がある企業であるにもかかわらず，信用力がないと判断してしまう傾向があることが示唆されています．誤って分類した総数が5と少ないガウシアンカーネルを用いたサポートベクターマシンにおいても，第1種の誤りを犯した数が1に対し第1種の誤りを犯した数が4であり，線形カーネルを用いたサポートベクターマシンと同じ傾向を示しています．今回の学習データに限った話になりますが，サポートベクターマシンが第1種の誤りを犯しやすかったデータであったのかもしれません．

モデル名	第1種の誤り	第2種の誤り	誤りの総数
判別分析	3	2	5
SVM 線形カーネル	5	2	7
SVM ガウシアンカーネル	4	1	5
ロジスティック回帰	4	3	7
ニューラルネットワーク	0	1	1

・SVM 線形カーネルとは線形カーネルを用いたサポートベクターマシン，SVM ガウシアンカーネルとはガウシアンカーネルを用いたサポートベクターマシンを指します．

表6.4 インサンプルデータによる予測結果の比較

続いて，アウトサンプルデータによる予測結果を確認しましょう．表6.5にはインサンプルデータによって学習した分類法を，アウトサンプルデータ D5 に適用して得られた予測についてまとめています．

モデル名	第1種の誤り	第2種の誤り	誤りの総数
判別分析	1	3	4
SVM 線形カーネル	1	2	3
SVM ガウシアンカーネル	3	1	4
ロジスティック回帰	1	4	5
ニューラルネットワーク	0	7	7

表6.5 アウトサンプルデータによる予測結果の比較

単純に予測精度を比較すると，インサンプルデータでは最も予測精度が良かったニューラルネットワークで誤りの総数が最も多くなっており，アウトサンプルの予測ではニューラルネットワークが最も予測精度が悪いという結果になっています．ニューラルネットワークが，インサンプルデータでの過学習を起こしてしまっていたと考えられます．しかしながら，第1種の誤りの数は0であるため，信用力のない企業を見逃さないという立場においては，変わらず最良の分類法になっています．このように，評価の観点によって，最も良い分類法は異なることに注意してください．

予測精度の評価指標の導入

先ほどまで確認していた誤りを犯した数による比較では，データの総数が異なる場合に比較が難しくなります．特に，インサンプルとアウトサンプルのデータ数が等しい場合のほうが少ないため，データ数を考慮した比率による指標を導入しましょう．

はじめに，第1種の誤りを意識した指標である，モデルによる予測の正確性を示す予測精度の指標，適合率（Precision）を導入します．

$$適合率 = \frac{要素Aの数}{要素Aの数 + 要素Bの数}$$

適合率は，モデルによる予測によって信用力があると判断された数である（要素Aの数＋要素Bの数）に対して，その予測の正答数（要素Aの数）の比率で定義されます．この指標は，精度とも呼ばれています．適合率は分母に要素Bの数が含まれており，第1種の誤りの数が少なくなればなるほど1に近づきます．

つづいて，第2種の誤りを意識した指標である，モデルによる予測の再現性を示す指標，再現率（Recall）を導入します．

$$再現率 = \frac{要素Aの数}{要素Aの数 + 要素Cの数}$$

再現率は，ラベルデータによって本来信用力があるとされている企業数（要素Aの数＋要素Cの数）のうち，モデルによる予測で正しく判断（再現）されている数（要素Aの数）の比率で定義します．再現率は分母に（要素Cの数）が含まれており，第2種の誤りの数が少なくなればなるほど1に近づきます．

第1種の誤りと第2種の誤りのそれぞれにかかわる指標のほかに，単純に正しい予測をした数を示す指標，正確度（Accuracy）も導入しましょう．

$$正確度 = \frac{要素Aの数 + 要素Dの数}{要素Aの数 + 要素Bの数 + 要素Cの数 + 要素Dの数}$$

正確度は，単純にデータ全体の数に対して，予測が正答していた数（要素Aの数＋要素Dの数）の比率を示しており，正答数が多くなればなるほど1に近づきます．

R上で計算するためには，クロス表を作成する関数`table`の出力結果をオブジェクトに格納しておくと便利です．例えば，線形判別分析を

用いたインサンプルの予測と教師データのクロス表の出力を TABLE に格納し，適合率，再現率と正確度をそれぞれ計算してみましょう．

```
> TABLE=table(predict(result.lda5)$class,Data5$Status)
> TABLE[2,2]/(TABLE[2,2]+TABLE[2,1])
[1] 0.9538462
> TABLE[2,2]/(TABLE[2,2]+TABLE[1,2])
[1] 0.96875
> (TABLE[2,2]+TABLE[1,1])/(TABLE[2,2]+TABLE[2,1]++TABLE[1,2]+TABLE[1,1])
[1] 0.9425287
```

はじめの入力は，線形判別分析を用いたインサンプルの予測と教師データのクロス表の出力を TABLE に格納しています．2番目の入力は適合率を求めています．表6.3を参考に，要素 A は TABLE の2行2列目の要素であるため，TABLE[2,2] と指定しています．また，要素 B は TABLE の2行1列目の要素であるため，TABLE[2,1] と指定して，適合率を計算しています．計算結果は 0.9538462 であるため，小数点第3位を四捨五入した百分率で表すと 95.38％になります．以降は同様に指標の計算をしています．3番目の入力は再現率を求めており，その値は 0.96875 であるため，小数点第3位を四捨五入した百分率で表すと 96.88％になります．最後の4番目の入力では正確度を計算しており，計算結果は 0.9425287 ですので，小数点第3位を四捨五入した百分率で表すと 94.25％になります．

それでは，5種類の分類法に対し，インサンプルによる予測結果とアウトサンプルによる予測結果について，導入した3つの指標の値を比較しましょう．表6.6では，5種類の分類法それぞれについて，インサンプルとアウトサンプルごとに3つの指標の計算結果を記しています．なお，表中にインと記した列にはインサンプルによる予測，アウトと記した列にはアウトサンプルによる予測に対する指標の値を記しています．

今回用いたデータでは，インサンプルとアウトサンプルを問わず，ニューラルネットワークで適合率が100％を達成しています．ただし，再

モデル名	適合率（%）		再現率（%）		正確度（%）	
	イン	アウト	イン	アウト	イン	アウト
判別分析	95.38	97.37	96.88	92.50	93.83	93.44
SVM 線形カーネル	92.54	97.44	96.88	95.00	91.95	95.08
SVM ガウシアンカーネル	91.18	92.86	96.88	97.50	90.80	93.44
ロジスティック回帰	93.85	97.30	95.31	90.00	91.95	91.80
ニューラルネットワーク	100.00	100.00	98.44	82.50	98.85	88.52

※インはインサンプルの予測，アウトはアウトサンプルの予測結果に対して算出した値

表6.6 指標を用いたインサンプルとアウトサンプルデータによる予測結果の比較

現率，正確度の値はアウトサンプルの予測では大きく悪化し，90％を下回った唯一の分類法になっています．そのため，ニューラルネットワークはインサンプルのデータについて過学習を起こしている可能性があります．その他の4種類の分類法では3つの指標ともに90％を超えており，インサンプル，アウトサンプルを問わず，うまく分類できていたと考えられます．

　本節では，第1種の誤り，第2種の誤り，全体における正答数のそれぞれに注目した3つの指標を導入して，異なるデータ，異なる分類法における予測精度の比較について述べてきました．実際のデータ分析に当たっては，第1種の誤り，第2種の誤りのいずれかに重きを置いて分類することもあるでしょう．分類結果を調整するためには，線形判別分析では分類に用いる境界線を動かすことが考えられますし，ロジスティック回帰モデル，ニューラルネットワークでは，今回は信用力のある企業である確率が50％で2つのグループを分けましたが，その確率を50％から動かすことも考えられます．つまり，2つのグループを分類する境界については，適合率と再現率のトレードオフの関係を考慮しながら，分類の目的に応じて適宜調整することが可能となっています．また，実際のデータ分析の場では，予測精度を高めるという点に注目しすぎるあまり，過学習を引き起こしてしまわないように注意する必要がありま

す．特に，予測精度を示す指標の値がインサンプルの予測からアウトサンプルの予測にかけて大きく落ち込む場合には，過学習を起こしていると疑う必要があります．

CHAPTER 6.3 まとめ

　インサンプルデータにモデルを当てはめて，モデルの未知パラメタの値を求める工程を，統計学では推定と呼び，機械学習では学習と呼びます．また，実務における分類ではインサンプルで学習させたモデルを用いて，アウトサンプルに適用することが目的となっています．本書では，この工程を一貫して予測と呼んできましたが，機械学習の分野では**汎化**（Generalization）と呼ぶこともあります．

　同じ工程について異なる呼び方をしていることからも分かる通り，そもそも統計学と機械学習では，分類問題を解く際の意識が異なっています．統計学では，推定した未知パラメタの値と当てはめたモデルから，データの背後に潜む構造などを読み取り，新たな知見を得ることを目的としています．この一連の取り組みを推論と呼び，統計学では特に重要視しています．誤解を恐れずに言えば，新たな知見を得る主体が推論を行う分析者であり，すなわち，人間が賢くなることを目的としていると言えます．

　その一方で，機械学習では，学習する主体は機械になります．また，機械学習の目的の一つは，インサンプルのデータで学習し汎化性能を向上することにあります．もしも，学習データに対して期待通りの分類結果が得られない場合，ニューラルネットワークではユニット数，層の数を増やすことで，より良い分類，汎化性能の向上を追求することが可能です．しかしながら，ユニット数，層の数を増やしたニューラルネット

ワークは，ネットワークの構造が複雑になるため，得られた分類結果に対して説明変量がどのように寄与しているかが分かりづらくなるという欠点も生じます．そのため，仮に高い予測精度を誇る結果が得られたとしても，内部構造が分かりづらいために，いわゆるブラックボックス化を招いてしまいます[*23]．

　ただし，実際に取り扱う分類問題によっては，分類結果さえ得られれば良いものもあるため，ブラックボックス化が必ずしも悪いというわけではありません．また，説明変量と分類結果の関係は分かりづらくなる一方で，工夫次第で汎化性能を向上できるという点は，実務上のデータ分析では大きな利点であるとも考えられます．結局のところ，実際のデータ分析を進めるうえで重要な点は，対象となる分類問題の特徴と分類の目的をよく捉えることにあり，加えて，それぞれの機械学習の方法を習熟し目的に合った方法を選択することにあります．例えば，汎化性能が多少の違いしかなければ，ことさら指標の大小にこだわらず，むしろ解釈が行いやすい手法を採用する割り切りも考えられます．

　実際のデータ分析はそれまでに身に付けた知識など，総合力が試される場でもあります．データへの興味や道具の理解を深めつつ，ぜひ皆さんのデータ分析力を高めていってください．

[*23]
サポートベクターマシンでは，カーネルを変更することで汎化性能を向上させることが考えられますが，やはり，説明変量と分類結果の関係は分かりづらくなります．

参考文献

[1] 金森敬文，他著（2009）『パターン認識』，共立出版
[2] 鈴木武，山田作太郎著（1996）『数理統計学—基礎から学ぶデータ解析』，内田老鶴圃
[3] Annette J. Dobson 著（2008）『一般化線形モデル入門』(原著第2版)，共立出版
[4] C. M. ビショップ著（2012）『パターン認識と機械学習（上）』，丸善出版
[5] C. M. ビショップ著（2012）『パターン認識と機械学習（下）』，丸善出版

索引

■ 関数 ■

abline ································ 20
boxplot ······························ 68
dim ···································· 59
fitted ······························· 112
hist ·································· 44
ksvm ·································· 98
lm ···································· 15
names ································ 59
nnet ································· 127
plot ·································· 16
predict ························· 34, 83
qqline ······························· 46
qqnorm ······························· 46
resid ································ 32
round ································ 62
shapiro.test ······················· 47
sigmoid ····························· 109
split ································ 68
step ································ 158
sum ··································· 33
summary ····························· 18

■ あ行 ■

アウトサンプル ····················· 166
赤池情報量基準（AIC）··········· 158
異常値検出 ····························· 9
一般化線形モデル ·················· 100
色の指定 ······························ 20
インサンプル ······················ 166
F 検定 ································ 67

オーバーフィッティング ·········· 167

■ か行 ■

カーネル関数 ························ 92
回帰 ···································· 9
回帰直線 ······························ 29
回帰モデル ··························· 29
外分散 ································ 80
ガウシアンカーネル ················ 93
過学習 ······························· 167
撹乱項 ································ 14
隠れ層 ······························· 120
仮説検定 ······························ 19
機械学習 ································ 8
帰無仮説 ······························ 19
QQ プロット ························· 45
教師付学習 ····························· 8
教師なし学習 ·························· 9
Quantile（確率点）················ 45
経験分布関数 ························ 45
決定係数 ························· 19, 53
誤差逆伝播法 ······················· 123

■ さ行 ■

再現率 ······························· 184
最小二乗推定量 ····················· 27
最小二乗法 ····················· 25, 113
最尤推定法 ························· 113
サポートベクター ··················· 88
サポートベクターマシン ···· 86, 152
次元削減 ································ 9
出力層 ······························· 120

スラック変数	91
正確度	184
正規性の検定	47
正規方程式	27
制約付最小化問題	91
説明変数	15
線形カーネル法	92
線形回帰モデル	15
線形判別関数	78
線形判別分析	72, 149
線形分離可能	87

■た行

対数オッズ	101
超平面	93
直線の種類	20
直線の定義	20
ディープラーニング	118
適合率	183

■な行

ニューラルネットワーク	118, 162
入力層	120

■は行

箱ひげ図	68
パラメタ推定	112
汎化	187
判別分析	169
p 値	19
被説明変量	15
標本共分散	28
標本分散	28
標本平均	26
標本尖度関数	37
フィードフォワードニューラルネットワーク	118
負の対数変換	146
分類	9
変量	14

■ま行

マージン	87

■や行

有意水準	19
尤度関数	37

■ら行

ロジスティック回帰モデル	104, 155, 174
ロジスティックシグモイド関数	104
ロジスティック変換	104
ロジット回帰モデル	103
ロジット変換	103

イメージでつかむ機械学習入門
〜豊富なグラフ，シンプルな数学，Rで理解する〜

2017年8月8日　初　版　第1刷発行

著　者　横内 大介／青木 義充
発行者　片岡 巌
発行所　株式会社技術評論社
　　　　東京都新宿区市谷左内町21-13
　　　　電話　03-3513-6150　販売促進部
　　　　　　　03-3267-2270　書籍編集部
印刷／製本　港北出版印刷株式会社

定価はカバーに表示してあります。

本書の一部または全部を著作権法の定める範囲を超え、無断で複写、複製、転載、テープ化、ファイルに落とすことを禁じます。

©2017　横内 大介／青木 義充

> 造本には細心の注意を払っておりますが、万一、乱丁（ページの乱れ）や落丁（ページの抜け）がございましたら、小社販売促進部までお送りください。送料小社負担にてお取り替えいたします。

●装丁　小島トシノブ（NONdesign）
●本文デザイン、DTP　株式会社 RUHIA

ISBN978-4-7741-9062-4　C3041

Printed in Japan